ABOLIR L'ESCLAVAGE

Une utopie coloniale
Les ambiguïtés d'une politique humanitaire

Bibliothèque Albin Michel
Idées

Du même auteur

Monsters and Revolutionaries. Colonial Family Romance and Métissage, Durham, Duke University Press, 1999.
De l'esclave au citoyen, avec Philippe Haudrère, Paris, Gallimard, Texto, 1998.

Françoise Vergès

ABOLIR
L'ESCLAVAGE

Une utopie coloniale
Les ambiguïtés
d'une politique humanitaire

Albin Michel

© Éditions Albin Michel S.A., 2001
22, rue Huyghens, 75014 Paris

www.albin-michel.fr

ISBN : 2-226-13010-1
ISSN : 1158-6443

Remerciements

Je veux remercier ici Sylvie Durastanti qui m'a encouragée à écrire ce livre et qui, ensuite, a passé de longues journées à traquer mes anglicismes, à me faire préciser ma pensée. Sans son aide généreuse, ce livre ne serait pas ce qu'il est aujourd'hui.

Mes dettes sont nombreuses envers les amis qui m'ont écoutée et soutenue, ainsi qu'envers collègues et inconnus qui, dans les colloques, m'ont apporté encouragements, suggestions, et critiques. Chacun d'entre eux sait combien je lui demeure redevable.

Ma gratitude enfin à Hélène Monsacré, qui a chaleureusement accueilli ce livre.

Avant-propos

La pitié dangereuse

Qu'y a-t-il de commun entre le discours et la politique abolitionniste de la fin du XIXe siècle et le discours et la politique humanitaire aujourd'hui ? Pourquoi et comment la notion de réparation
de la traite et de l'esclavage a-t-elle pris tant d'importance depuis
quelques années ? Au cours de ma recherche sur l'abolition de l'esclavage, ces questions se sont bientôt imposées. Relisant les abolitionnistes, j'ai retrouvé, en écho, une rhétorique de l'urgence où
l'Afrique joue un rôle central, tout comme les images du bienfaiteur et de la victime, le désir de faire le bien, l'injonction morale
de prévenir et soulager des souffrances, l'indignation et l'outrage
devant les bassesses humaines, la croyance en l'idéal éducatif européen, et la volonté d'élaborer un droit d'intervention des nations
éclairées dans des pays souverains. Je m'apercevais que l'abolitionnisme contenait en germe l'idéologie de l'humanitaire : une générosité qui ne pouvait entièrement masquer ses ambiguïtés. Le militant abolitionniste de la fin du XIXe siècle et du début du XXe
annonce un type de militant humanitaire, qui légitime son action
par l'urgence. Il nous dit en substance : « Pouvons-nous rester
insensible à la souffrance de ceux qui ne savent ou ne peuvent se
protéger ? Au nom de quoi pouvez-vous justifier de rester
passifs ? » Il faut aider, protéger, se focaliser sur le mal et non sur
l'environnement au sein duquel l'action prend place. L'éthique de
l'urgence réclame d'agir, de faire son métier sans trop s'appesantir
sur ce qui a provoqué les souffrances. Au nom de quoi résister à
cette injonction ? Bien sûr, il y eut urgence, et il y a toujours une
urgence, et l'intervention apparaît, hier comme aujourd'hui, légitime. L'urgence impose une économie et une politique de l'ingé-

rence qui ne peut pas tenir compte de la complexité des situations, d'analyser les conditions historiques et sociales qui ont amené, produit l'état d'urgence. Face à ce qui suscite notre sollicitude et notre compassion, faire appel à la réflexion, c'est risquer de paraître cynique et inhumain. L'abolitionnisme et l'humanitaire nous demandent de mettre de côté notre esprit critique. Certes, dans le contexte particulier d'une crise majeure, une intervention peut être envisagée, mais le désir de sauver ne peut constituer en lui-même un programme politique. La complicité des abolitionnistes avec le colonialisme européen peut nous faire réfléchir sur les limites d'une politique qui s'appuie sur la pitié, qui prend comme principe l'assistance aux démunis. Il n'est surtout pas question ici de réduire l'abolitionnisme et l'humanitaire au colonialisme et à ses crimes. D'aucuns l'ont fait, utilisant parfois le statut de victimes afin de préserver l'illusion de leur propre bonté. Je propose en revanche de redéfinir le statut de la victime, de fuir le sentimentalisme et d'interroger les fondements d'une politique qui rêve, comme le dit Flaubert, d'un « âge de l'amour ». Éprouver de la pitié devant les souffrances répétées que les êtres humains s'infligent les uns aux autres est un sentiment qui nous est familier. Je ne vais pas ici évoquer le long débat philosophique et théologique autour de la pitié. Chacun de nous est capable de comprendre, et la pitié suscite un élan immédiat et généreux. Notre prochain souffre, il faut l'aider. Je vois quelqu'un tomber dans la rue, je me précipite pour l'aider. Mais lorsque cette propension à la compassion est exploitée, lorsque nous sommes mis dans la situation de suspendre jugement et esprit critique, la pitié devient dangereuse. L'esclavage, comme système culturel, social et économique, réclame par sa complexité un effort de pensée. Il s'agit d'être à la hauteur de cette complexité. Penser, dans ce cas, ne veut pas dire rester les bras croisés.

À cet égard, la notion de « réparation », tant utilisée aujourd'hui, ne va pas de soi. Les descendants d'esclaves exigent que l'esclavage soit reconnu comme « crime contre l'humanité » et que les États occidentaux qui ont bénéficié de la traite et de l'esclavage assument la dette qu'ils ont ainsi contractée. Rappelons d'abord comment, autour de l'abolition de 1848, cette question se pose et se résout. C'est à l'égard des maîtres, non à l'égard des esclaves, que l'État français se reconnaît une dette. Déjà, en 1804, la France a imposé à la naissante République indépendante d'Haïti le paiement de 150 millions de francs or en compensation des plantations perdues, dette dont Haïti finit de s'acquitter en 1916. Les esclaves haïtiens, qui se sont réclamés des principes de la Révolution française et qui ont eu à se battre pour leur liberté contre les troupes napoléoniennes, doivent acheter leur liberté. Le principe est donc acquis : leurs maîtres sont lésés, ils perdent leurs biens meubles (les esclaves) et doivent désormais payer le travail manuel sur leurs terres. Les esclaves, au contraire, sont gagnants puisqu'ils reçoivent la liberté. Certes, les décrets d'abolition contiennent des articles qui imposent aux maîtres la protection des esclaves qui, étant vieux et malades, ne peuvent plus travailler, mais aucun d'entre eux ne prend en compte une réparation matérielle des esclaves. Aux États-Unis, on promet aux Noirs qui se sont battus contre les Sudistes « 40 acres et une mule », mais cette promesse n'est pas tenue. « Quarante acres et une mule » entre alors dans la langue américaine comme une expression familière utilisée par les Africains-Américains pour se moquer des paroles creuses des Blancs. Dans tous les cas, l'abolition de l'esclavage est juridiquement claire : les maîtres subissent un préjudice matériel, alors que la fin de la servitude forcée constitue en elle-même une compensation suffisante pour les affranchis. De nombreux affranchis soulignent aussitôt l'inégalité de cet acte. D'un côté, le corps de l'esclave étant comme la propriété privée du maître, ce dernier peut légitimement demander une réparation matérielle pour sa perte. De l'autre, l'esclave retrouvant la propriété de son corps doit s'en satisfaire, il ne peut légitimement demander une réparation matérielle pour les années de travail gratuit dont il s'est acquitté. On peut donc comprendre pourquoi cette reconnaissance par l'État d'une dette matérielle aux maîtres va assombrir la portée symbolique de l'abolition de l'esclavage. L'acte de compensation de l'abolition ne cherche pas une égalité, à rétablir l'équilibre qu'une réparation implique entre deux forces. L'abolition reconduit une inégalité et organise une transition de l'esclavage à la servitude. C'est en partie ce qui hante le débat sur l'esclavage aujourd'hui.

Jack White, journaliste à *Time*, s'est attelé à estimer la dette que les États-Unis doivent aux descendants d'esclaves. Se basant sur les salaires non payés à 10 millions d'esclaves, il arrive au chiffre de 24 milliards de dollars et propose que l'État verse cette somme à un trust qui servirait à financer la construction d'écoles et de centres de formation dans les ghettos. Randall Robinson, dans son livre *The Debt. What America Owes to Blacks*, fait une démonstration similaire. N'COBRA (National Coalition of Blacks for Reparations) estime la somme à 300 milliards de dollars. Des économistes ont cherché à déterminer quel pourcentage de la richesse des États-Unis a été produit par l'esclavage et l'ont chiffré entre 10 et 20 %. Cette demande d'une restitution, qui s'appuie en partie, nous l'avons vu, sur la problématique même de l'acte abolitionniste, a trouvé dans les procès intentés par des institutions juives contre les banques, musées et entreprises qui ont profité du régime nazi une nouvelle légitimité. Au travers de ces procès, une nouvelle juridiction s'est imposée : banques, musées, entreprises, particuliers peuvent être tenus complices et responsables de la perte de biens quand cette perte s'est faite grâce à des politiques de discrimination raciale. Déjà, en 1988, les Japonais américains et canadiens avaient reçu des compensations financières en réparation des pertes matérielles et des dommages psychologiques subis lors de leur internement pendant la Seconde Guerre mondiale. Les Noirs américains se sont inspirés de ces précédents et ont réussi à faire partager cette approche de la réparation à la majorité des descendants d'esclaves. Le terrain juridique occupe donc une place importante, en même temps que s'impose l'inscription de la traite et de l'esclavage comme « crimes contre l'humanité ». Lors de la conférence des Nations Unies sur le racisme qui s'est tenue à Durban (Afrique du Sud), en septembre 2001, c'est sous cet angle que la question de l'esclavage s'est posée. Les descendants d'esclaves ont exigé que la traite et l'esclavage soient reconnus comme « crimes contre l'humanité » et que l'Occident accepte de payer des réparations matérielles. Après maintes discussions et devant le refus de l'Europe et des États-Unis de considérer comme légitime la demande de réparation matérielle, la déclaration finale, qui n'a aucune valeur contraignante, fait état de « regrets », reconnaît que la traite et l'esclavage ont constitué des « crimes contre l'humanité », et souhaite que la vérité historique soit faite dans le but d'une réconciliation internationale.

La reconnaissance de l'esclavage comme « crime contre l'humanité » fonde désormais, du moins dans les pays de droit anglo-saxon, des demandes de réparations. La loi votée en avril 2001 par le Parlement et le Sénat français inscrit la traite et l'esclavage comme crimes contre l'humanité, mais ne reconnaît pas le principe d'une réparation. La réparation est ainsi devenue une notion centrale dans la reconnaissance des crimes, dommages et discriminations subis par des groupes et des peuples. Ce principe est certes loin de s'appliquer automatiquement. Chaque groupe, chaque peuple doit faire la preuve qu'il a été victime d'un crime contre l'humanité. Nombreux sont ceux qui se plaignent de l'inégalité devant le principe. Néanmoins, il est évident que ces notions (crime contre l'humanité, réparation) délimitent aujourd'hui largement le champ des débats. Mais si ceux-ci sont devenus inévitables, est-on pour autant obligé d'accepter d'en discuter dans les termes qui tentent de s'imposer : problématique psychologisante de la victimisation, statut incontesté de la victime, estimation purement financière des dommages, marginalisation des questions politiques, servitude, hégémonie du juridique, sans parler du terme même de « réparation » ? Pouvons-nous plutôt penser quelle politique de « réparation » pourrait être élaborée qui intégrerait ce que nous savons des dangers du glissement du politique au juridique et de l'exploitation de la compassion et de la pitié en politique ? Il faudrait également distinguer entre, d'une part, ce qu'un État est à même d'entreprendre pour assumer sa dette, et, d'autre part, ce qui échappe au pouvoir de toute institution et ne peut être assumé que par le sujet dans son travail d'élaboration individuelle psychique et sa capacité de survivre à la catastrophe. Ce dernier aspect reste parfois mystérieux, et il est évident que la décision juridique ne suffit pas à réparer le préjudice subi. Cependant, il est aussi évident que l'histoire du crime doit être dite, devenir un « récit partagé » par la communauté afin qu'il s'inscrive dans le passé et cesse de peser sur le présent et l'avenir.

L'ÂGE DE L'AMOUR

« Reconnaissance éternelle à la République française qui vous a
fait libre et que votre devise soit toujours : Dieu, la France, et le
Travail. Vive la République. » C'est avec ces mots que le commissaire de la République française Sarda Garriga clôt la déclaration
d'abolition de l'esclavage à l'île de La Réunion le 20 décembre
1848[1]. Avocats de l'idéal républicain colonisateur, prônant une
doctrine d'amour et de tolérance, et l'éducation des maîtres
comme des esclaves, les abolitionnistes placent l'émancipation des
esclaves sous le signe du don et de la dette. Le don tardif de la
liberté, bien qu'il puisse difficilement compenser son long déni,
est présenté comme une dette – mais une dette dont les affranchis
ne peuvent ni se débarrasser ni s'acquitter. L'identification,
commune chez les abolitionnistes d'hier et d'aujourd'hui, même
si elle est rarement exprimée en ces termes, de l'émancipation des
esclaves avec un *don* qui ne peut être réciproque a marqué l'abolition de l'esclavage de cette problématique[2]. Un des obstacles à
l'émancipation des esclaves, c'est-à-dire au plein exercice des
droits qui y sont associés, sera le rappel constant de cette dette que
les affranchis avaient envers la Mère Patrie. Or, s'il y rappel
constant de la dette, il devient impossible aux débiteurs de se détacher, de se construire de façon autonome par rapport au créditeur,
car toute émancipation se construit sur un socle d'égalité. D'où
leur ressentiment et leur amertume. Rappelons-le : l'abolition de
l'esclavage ne signifia pas la fin du statut colonial, les affranchis
devinrent des *citoyens colonisés* et le restèrent pendant près d'un
siècle. La société coloniale maintint discriminations et dépendance à l'égard de la métropole par de nouvelles politiques de
discrimination dans le travail, la privation de l'exercice des droits
de vote dans les faits et la perpétuation du racisme colonial. On ne
peut donc être surpris que l'*événement même* de l'émancipation

---

1. Les commissaires de la République aux Antilles emploient des termes similaires.
2. Nombre d'intellectuels et d'historiens des États-Unis ont analysé les conséquences durables de cette identification.

fasse encore débat dans les sociétés post-esclavagistes des Caraïbes ou de l'océan Indien. Un sentiment d'inachevé hante les débats et explique en partie la fixation sur la question du statut dans les colonies post-esclavagistes françaises (les DOM). Dans les années qui suivent l'abolition, les affranchis témoignent par leurs pratiques – refus de travailler, marronnage, vols, vagabondage – des limites d'une émancipation trop formelle et insuffisamment concrète et font ainsi apparaître le caractère irréalisé de leur liberté. Confrontés à ces formes de résistance, les abolitionnistes s'impatientent et préconisent une attitude ferme et paternaliste, vantant les vertus du travail, de la famille et de la discipline. Ils exportent ce discours vers les territoires africains et malgaches. Ils inaugurent un *âge de l'amour* par lequel ils s'efforcent de faire passer à l'arrière-plan la haine et la violence de la conquête impériale comme celles du monde industriel. Progrès et industrie, empire et colonie se trouvent ainsi placés sous le signe de la tolérance, du petit commerce et de l'artisanat.

L'idéal républicain encourage les abolitionnistes dans la voie d'une idéologie humanitaire : il faut imposer l'amour et l'entente et sauver ceux qui ne savent pas toujours qu'ils doivent être sauvés. Ils inaugurent un âge de l'amour au cœur de l'âge des empires. Leur conception essentiellement morale des conflits et des tensions qui traversent toute société, et plus encore la société coloniale, les pousse à soutenir la conquête coloniale, celle qui se justifie d'apporter la civilisation au cœur des ténèbres, de sauver les pauvres Noirs des marchands d'esclaves arabes et des tyrans locaux. Victor Hugo, ardent avocat de la république, de l'abolition de l'esclavage et de la peine de mort, s'écrie en 1841 à propos de la conquête de l'Algérie : « C'est la civilisation qui marche sur la barbarie, c'est un peuple éclairé qui va trouver un peuple dans la nuit. Nous sommes les Grecs du monde ; c'est à nous d'illuminer le monde[3]. » Les abolitionnistes encouragent les États européens à intervenir dans les territoires où l'on soupçonne l'existence de l'esclavage. L'esclavage est un crime et la loi qui punit ce crime

---

3. *Choses vues*, 1841.

doit s'appliquer à tous ; c'est une loi supranationale, qui transcende la notion de souveraineté.

Les abolitionnistes ne manquent ni de bonne volonté ni d'ambition. Ils croient en la capacité des bons sentiments à transformer les individus[4]. Ils souhaitent construire un monde nouveau sur les ruines de l'esclavagisme et imaginent qu'un décret de loi peut suffire à mettre fin à trois siècles de servitude forcée. Après le théâtre de la cruauté, le théâtre de la rédemption. Devant l'autel de la République, maîtres et esclaves se découvriront frères. C'était compter sans le refus, pour des motivations différentes, des anciens esclaves comme des maîtres de constituer cette communauté pastorale, cette utopie coloniale, la plantation comme modèle industriel et social d'une communauté réconciliée.

Il est facile aujourd'hui d'apercevoir les lacunes des abolitionnistes. Mais en rester là serait passer à côté de ce qui se révèle plus troublant pour nous : le fait que leurs attitudes, leurs rêves et leurs actions présentent des analogies avec les attitudes, les rêves et les actions d'aujourd'hui envers le monde non européen. Ces analogies éclairent notre présent. Ce n'est pas que l'histoire se répète, c'est que nous pouvons, en étudiant l'abolitionnisme, explorer une tradition de la pensée européenne dans sa relation à l'Autre non européen, perçu comme victime directe ou indirecte de l'Europe, et donc à sauver. L'Europe des abolitionnistes est une Europe qui a le devoir, soit pour réparer ses crimes, soit pour partager ses valeurs, d'intervenir dans les affaires du monde. Mais, comme toute doctrine de salut, l'abolitionnisme apporte aussi aux peuples colonisés un vocabulaire et une grammaire de l'émancipation[5].

---

4. Sur cette question, voir l'essai de François FLAHAULT, *La Méchanceté*, Paris, Descartes & Cie, 1998. Voir également Tzvetan TODOROV, *Mémoire du mal, tentation du bien*, Paris, Robert Laffont, 2001. Les réflexions de ces deux auteurs m'ont aidée à préciser mon analyse de l'abolitionnisme.

5. Sur cet aspect, voir Lamin SANNEH, *Abolitionists Abroad. American Blacks and the Making of Modern West Africa*, Harvard, Harvard University Press, 1999. L'auteur, professeur de théologie chrétienne à l'université Harvard, célèbre la dimension chrétienne de l'abolitionnisme, car il y voit « l'éthique de la bonne nouvelle pour les pauvres ». Ma lecture est différente, bien que je reconnaisse l'aspect radical du christianisme africain.

La phraséologie généreuse et humaniste du discours abolitionniste préfigure un discours humanitaire qui présente comme un devoir l'intervention dans des pays où des groupes, des individus sont victimisés. Toutes les ambiguïtés du discours abolitionniste – moralisme, désir de sauver l'« autre » contre lui-même s'il le faut, volonté de faire le bien et d'éradiquer le mal – se retrouvent dans un discours humanitaire contemporain qui fait de l'Afrique le terrain privilégié de sa mission. Dans le champ des représentations qui s'y rattachent, l'Afrique est investie d'une multitude de significations, de divers contenus imaginaires, de fantasmes qui forment la « vérité » du monde africain, sa différence fondamentale. Sauver l'Afrique c'est, tout à la fois, expliciter les traits spécifiquement « africains » qui la distingue du reste du monde et dire à quelles conditions l'Afrique peut devenir partie prenante d'un projet cosmopolite, universel et moderne. L'Afrique a manqué de responsables, d'un bon départ, d'amour et d'attention. Elle a été – elle est toujours – le théâtre de catastrophes : traite des esclaves, massacres coloniaux, génocides, guerres ethniques, dictatures sanglantes et corrompues, épidémies et désertification. Vue sous cet angle, l'Afrique attire ceux qui sont fascinés par l'abîme du Mal et veulent soit s'y perdre, soit y trouver une rédemption[6]. Ce manque, cette identité en *creux*, il s'agit de les combler. Nombre d'intellectuels africains ont repris ce discours, sous la forme de l'afro-pessimisme, de l'afro-centrisme ou de l'africanisme[7]. L'abolitionniste hier, l'humanitaire aujourd'hui convoquent le tragique, appellent à la pitié, et l'évocation du cercle vicieux des

---

6. Je parle ici d'un discours particulier et ne condamne pas toutes les initiatives surtout locales de mobilisation contre les dysfonctionnements des États. Je fais référence à la « Ngoisation » de l'Afrique. Ce terme fabriqué à partir de l'acronyme NGO (Non Governmental Organisations, ONG en français), désigne l'emprise sur la vie économique et intellectuelle africaine des institutions non gouvernementales.

7. Voir à ce sujet les critiques pertinentes et remarquables d'Achille Mbemde dans *De la post-colonie*, Paris, Khartala, 2001. Dans un article intitulé « The Radiance of the King » (*New York Review of Books*, 9 août 2001), Toni Morrison trouve les mots justes pour exprimer le rôle de l'Afrique dans l'imaginaire européen : « Perçue comme muette et encore informe, l'Afrique présente ces formes effrayantes et mauvaises dans lesquelles les Occidentaux pouvaient contempler le Mal, mais aussi bien l'Afrique devait s'agenouiller pour recevoir les leçons de ses bienfaiteurs. »

violences s'accroît à proportion des sauvetages dont elles sont l'alibi. Ce livre examine la mise en scène d'un théâtre de la rédemption et de ses épigones aujourd'hui, l'apologie, le pardon et la réparation. Je ne cherche pas à amoindrir la portée de l'abolition de l'esclavage ni celle des interventions humanitaires, mais je souhaite interroger les soubassements d'une rhétorique dans laquelle le bienfaiteur en appelle à l'urgence. Une telle analyse bénéficie d'apports théoriques divers.

L'idée de ce livre a pris forme en 1998, lors de la commémoration du cent cinquantième anniversaire de l'abolition de l'esclavage dans les colonies françaises. Je fus surprise, à l'occasion de conférences, de tables rondes et de rencontres, de l'ignorance du public à propos de l'esclavage et de son abolition, de son étonnement devant des attitudes « contraires à la morale », de son incrédulité devant la complicité de l'abolitionnisme avec la conquête coloniale, et, bien souvent, de son indifférence. C'était une histoire lointaine qui ne concernait pas la France d'aujourd'hui. La République avait fait son devoir : elle avait aboli l'esclavage ; les anciens esclaves étaient des citoyens français. Qu'y avait-il à dire de plus ? Bien sûr, au nom du « devoir de mémoire » transformé en règle depuis quelques années, il fallait se souvenir, rendre hommage et commémorer. Tout le monde s'accordait sur la condamnation morale du crime et l'Assemblée nationale accepta de discuter une proposition de loi tendant à faire de la traite et de l'esclavage un « crime contre l'humanité[8] ». Il y eut peu de voix dissidentes. Elles se manifestèrent essentiellement autour de la question des réparations matérielles.

Ce consensus ne m'étonna pas. Ayant grandi dans une société issue de l'esclavage et du colonialisme, l'île de La Réunion, j'avais pu expérimenter le déni de cette histoire, le mépris des cultures créoles et l'héritage d'un système basé sur la violence physique. J'avais pu observer les conséquences culturelles et morales de

---

8. La proposition discutée et votée en 1998 à l'Assemblée nationale a été votée à l'unanimité par les sénateurs en juin 2001. Elle est donc devenue loi le 10 juin 2001. Le texte de loi précise que les manuels scolaires et les programmes d'histoire devront accorder à l'esclavage et à la traite négrière « la place conséquente qu'ils méritent ».

siècles d'exploitation et de racisme, ainsi que les impasses d'une insularité qui n'est pas seulement géographique mais le produit d'un isolement voulu par le pouvoir colonial et adopté comme refuge par la population. Cependant, il me fallut du temps pour comprendre non seulement que la dénonciation et la mise en accusation de la France coloniale ne suffisaient pas à expliquer les difficultés de cette société créole, mais aussi qu'elles constituaient un discours acceptable et trop commode. L'indignation, en effet, permettait de considérer le mal comme une entité extérieure. On pouvait ainsi faire l'économie d'une analyse et éviter des questions plus gênantes : comment la République avait-elle pu être impériale ? Pourquoi avait-elle accepté le maintien de discriminations après l'abolition de l'esclavage ? Quel avait été le rôle des Malgaches et des Africains dans la traite de leurs semblables ? Pouvait-on croire que, une fois les valeurs qui avaient soutenu l'esclavage déclarées fausses, la société coloniale se réincarnerait en une société de fraternité et d'égalité ? L'indignation relance notre croyance dans le discours des bons sentiments. Elle nous met dans le rôle de l'accusateur vertueux. Une fois l'humanité éclairée, le mal disparaîtra. Devant la permanence des problèmes, l'impatience gagne celui qui veut sauver. Certes, l'indignation devant les horreurs de la traite et de l'esclavage, ces outils de la rhétorique abolitionniste, transformèrent la façon dont les Européens justifiaient ces actions. Mais l'*étonnement* persistant des abolitionnistes, comme le nôtre aujourd'hui, devant le fait que des Européens et leurs complices africains puissent volontairement participer à la dégradation d'êtres humains, cet étonnement ne fait que révéler notre naïveté devant la condition humaine.

L'esclavage moderne a sa trame narrative et sa grille explicative : c'est un système précapitaliste, prémoderne qui n'aurait rien à voir avec les valeurs des civilisations européennes, où les esclaves seraient d'abord victimes de leurs rois cupides, des négriers cruels, et des colons corrompus par les tropiques. L'abolition a un schéma interprétatif dominant qui distingue clairement les bons et les méchants. J'ai eu envie de bousculer ces lieux communs qui ne peuvent expliquer pourquoi, bien qu'on puisse dire que toutes les sociétés ont pratiqué l'esclavage, seule l'Europe l'a utilisé à une telle échelle et sur une aire géographique aussi vaste. Ce système, qui était marqué par un fort taux de mortalité, entraîna le plus grand mouvement de migration forcée de l'histoire. Comment en mesurer aujourd'hui les conséquences ? Le récit bien pensant n'explique pas non plus comment la notion de race a été intimement liée à l'esclavage, ni comment la plantation a servi de modèle à l'usine, ni pourquoi l'abolitionnisme fut le complice – involontaire ou contraint – de l'impérialisme.

Aujourd'hui encore, d'importants aspects de l'histoire de l'esclavage sont prisonniers du mythe et de la légende. L'histoire coloniale reste un champ négligé, même si des ouvrages ont été publiés, même si les initiatives remarquables et pionnières de l'ACHAC[9] ont contribué à montrer l'empire colonial à travers le foisonnement de ses images et ses spectacles. Des chercheurs ont récemment fait remarquer qu'il ne suffit pas d'exprimer des regrets pour le passé mais qu'une « reconnaissance officielle doit mettre l'accent sur les problèmes fondamentaux de notre société, sourde et muette sur les conséquences de notre colonisation[10] ». Pourquoi, demandent les animateurs de l'ACHAC, « l'histoire et la mémoire coloniale restent-elles un point aveugle de notre inconscient collectif[11] » ? Cette question centrale s'applique tout aussi bien à l'esclavage. Il ne s'agit plus aujourd'hui de le condamner moralement, mais d'opérer un tournant critique, d'étudier le phénomène

---

9. Association connaissance de l'Afrique contemporaine (agence@lesbdm.com). Ses principaux animateurs sont Pascal Blanchard, Nicolas Bancel et Sandrine Lemaire. Cette association a organisé des expositions sur l'iconographie coloniale et publié *Images et Colonies, L'Autre et Nous, De l'indigène à l'immigré, Images d'Empire*. De 2001 à 2003, Emmanuelle Collignon et Pascal Blanchard coordonnent le programme « Mémoire coloniale : Zoos humains ».

10. Aïssa Kadri, Claude Liauzu, André Mandouze, André Nouschi, Annie Rey-Goldzeiguer et Pierre Vidal-Naquet, « Les historiens et la guerre d'Algérie », *Le Monde*, 9 juin 2001. Les auteurs de cette tribune font aussi remarquer que toute réflexion doit s'accompagner de l'ouverture de structures neuves. Voir aussi François Loncle, « Écrire l'histoire commune », *Libération*, 24 juillet 2001, où l'auteur préconise de créer un comité franco-algérien d'historiens chargé de lancer des programmes de recherche. Chacune de ces interventions étant centrée sur l'Algérie, il faut rappeler que l'empire colonial fut plus que cela.

11. Pascal Blanchard, Nicolas Bancel et Sandrine Lemaire, « Le miroir colonial brisé », *Manières de voir. Polémiques sur l'histoire coloniale*, juillet-août 2001.

en ayant recours à tout ce qui l'entoure, à ses représentations, en puisant dans des sources diverses – actes notariés, cartes et souvenirs des négriers, chants, littérature, iconographie, mémoire populaire –, et en adoptant ce qu'Antoine de Baecque appelle la méthode *Blow Up* – montage des archives, travelling, gros plan, zooms sur des textes oubliés[12]. On s'attacherait ainsi à étudier, entre autres, le corps de l'esclave (souvent masculin) comme représentation métaphorique des tensions dans la société coloniale, l'attitude des gens « ordinaires » face à la mise en vente des esclaves, à la mise en scène de leurs punitions (chaînes, collier, mise à mort) ou à des scènes coutumières (esclaves à demi nus travaillant dans les champs), la mélancolie des esclaves, la peur et la haine qui hantent la société coloniale, la médiocrité de la vie coloniale, les négociations pied à pied entre esclaves et maîtres, le rôle des esclaves domestiques, les viols de femmes esclaves, tout ce qui a constitué la *matière* des sociétés esclavagistes. On s'attacherait de même à analyser la *zone grise* produite par l'horreur. J'emprunte cette expression à Primo Levi qui l'invente pour décrire l'espace des « arrangements » quotidiens dans les camps de concentrations – vols, mensonges, passivité, évitements –, car je pense qu'elle peut être transposée à l'univers de la plantation. Orlando Patterson parlait de *natal alienation*, de « mort sociale » des esclaves[13] : peut-on utiliser ces notions pour analyser les formes contemporaines de fabrication de *disposable people*[14], de personnes dont la vie ne compte pas ? La mise en esclavage n'apparaît plus alors simplement comme un phénomène exceptionnel, hors humanité et aberrant. On peut ainsi étudier les formes et les conditions de cette fabrication d'êtres-matière à travers l'histoire tout en conférant à la traite européenne un statut exceptionnel. En redonnant à l'esclavage sa dimension culturelle, on peut répondre aisément à l'argument suivant : « Je ne suis pas responsable des actes d'un groupe. Mes

---

12. Voir l'introduction d'Antoine DE BAECQUE, *Les Éclats du rire. La culture des rieurs au XVIIIe siècle*, Paris, Calmann-Lévy, 2000.

13. Orlando PATTERSON, *Slavery and Social Death. A Comparative Study*, Harvard, Harvard University Press, 1982.

14. Titre du livre de Kevin BALES, *Disposable People. New Slavery in the Global Economy*, Berkeley, CA, University of California Press, 1999.

parents n'ont jamais bénéficié de l'esclavage. » En effet, il suffit de rappeler que le monde où nous vivons a été forgé tout autant par la traite, l'esclavage, et leur abolition que par la Révolution française, Vichy ou la guerre d'Algérie. Il ne s'agit pas de responsabilité collective : point n'est besoin d'avoir participé directement à un événement pour être touché par ses conséquences. Lorsque vous arrivez à La Réunion, par exemple, vous entrez dans une société modelée par l'esclavage et le colonialisme[15]. C'est ainsi. Pour comprendre les conflits intérieurs des sociétés créoles et les rapports qu'elles entretiennent avec la France, on ne peut faire l'économie de cette réalité.

Un travail sur la colonisation et la décolonisation tenant compte des avancées théoriques de l'histoire culturelle et du postcolonialisme semble s'amorcer, mais si ce travail néglige l'empire colonial prérévolutionnaire, le seul dont les territoires sont encore attachés à la France, un pan de cette histoire restera oublié. Comment comprendre alors les phénomènes de créolisation ? les revendications qui agitent régulièrement ce qu'on appelle les DOM ? Mais aussi, comment comprendre pourquoi l'abolitionnisme, doctrine qui se voulait éclairée, ferma les yeux sur les massacres coloniaux au nom du devoir humanitaire d'éradiquer l'esclavage ? Il y a quelques années, un ouvrage a paru sous le titre *Oublier nos crimes. L'amnésie nationale : une spécificité française*[16] ? Derrière ce titre provocateur, les auteurs cherchaient à rendre compte d'un paradoxe : celui d'un pays, la France, toujours prêt à dénoncer les violations des droits de l'homme, mais qui oublie facilement ses propres crimes et montre volontiers une absence de sympathie, voire de compassion, envers les victimes des crimes commis en son nom.

Cependant, obtenir que l'histoire coloniale esclavagiste puis républicaine coloniale soit prise en compte n'est pas facile. On se heurte souvent à une réaction moqueuse : « Oh, des restes de tiers-

---

15. Quand on voyage aux États-Unis, peu importe que l'on soit étranger à son histoire, on débarque dans une société fondée sur le génocide et l'esclavage. On peut certes choisir de l'ignorer, mais alors la réalité se chargera de nous le rappeler.

16. Éditions Autrement, n° 144, avril 1994.

mondisme ! » ; à une accusation de passéisme : « Pourquoi remuer le passé ? Mais regardez donc vers l'avenir ! » ; à un scepticisme : « Vraiment, vous pensez que c'est si important ? » ; ou à un comparativisme négatif : « Ce dont vous parlez n'a rien d'exceptionnel : les choses se passent de la même façon ailleurs, ça n'a rien de spécifique. » Le singulier se dilue ainsi dans l'informe. Ces réactions entraînent, presque fatalement, des réactions en miroir où il est question du passé comme déterminant le présent, de la différence culturelle comme fixée, de la victimisation comme référent. Les sociétés post-esclavagistes de langue française ont entrepris depuis peu de se pencher sur leur propre histoire. On ne peut les accabler de reproches à peine cette démarche entreprise. Il reste beaucoup à faire, et surtout à opérer le tournant critique dont j'ai parlé, à penser ces événements à travers des histoires croisées (par exemple la montée du royaume Imerina à Madagascar et la traite aux Mascareignes ; le développement local de mouvements anticolonialistes et le débat démocratique en France). L'impatience et l'humeur sont cependant souvent justifiées. Que penser ainsi d'un manuel scolaire destiné aux classes de quatrième et de troisième des collèges de La Réunion et qui décrit la traite des esclaves en ces termes : « La traite des Noirs consiste à se procurer des indigènes, à les transporter de force, puis à les vendre comme esclaves[17]. » Se procurer des indigènes ? Mais la convocation obsessionnelle du passé par les Créoles ne constitue pas davantage la base d'une réflexion. Car le passé est alors imaginé comme le lieu où gît non seulement la vérité de soi, mais aussi son aliénation par la violence d'autrui. Certes, il est désagréable d'admettre qu'il n'y a pas de vérité de soi à retrouver. Il faut apprendre à vivre avec le manque, le vide. En entrant dans l'histoire, le passé devient du passé et la mémoire devient supportable.

---

17. Jean-Marie DESPORT, Martine TAVAN, Pascal VILLECROIX et Francette VILLENEUVE, *Histoire, Géographie. Programmes pour La Réunion*, Hatier International, 2001, p. 10. La couverture du livre utilise entre autres la peinture d'une métisse dont le madras est *retouché* afin de faire apparaître les couleurs du drapeau français. On reste interloqué de voir un livre d'histoire destiné aux écoles utilisant sans en dire un mot une méthode pour le moins surprenante.

Les demandes de réparation s'inscrivent dans un mouvement général qui, ces dernières années, s'est imposé sur la scène juridique et politique. Les victimes des crimes de guerre, des génocides et des crimes contre l'humanité ont droit à réparation[18]. Pour ce qui est de l'esclavage, la demande de réparation est loin d'être acceptée. Le principe n'en est pas admis par les pays qui ont profité de la traite et de l'esclavage. Le prix Nobel de littérature Wole Soyinka conteste les arguments qui rejettent le principe d'une réparation de l'esclavage (Comment définir les bénéficiaires de cette réparation ? *Quid* de la complicité des Africains ? Comment réparer un dommage si ancien ?) car aucun, dit-il, ne réussit à remettre en cause son principe[19]. Si, en effet, on accepte le principe de réparation dans le cas de crime contre l'humanité, il faudrait ou bien nier que l'esclavage fut un crime contre l'humanité, ou bien exclure que ce principe s'applique à ce cas précis. Soyinka réfute ces deux arguments. Mais que réparer ? Dans leur déclaration faite à Dakar en janvier 2001 en préparation de la conférence mondiale des Nations Unies contre le Racisme, la Discrimination raciale, la Xénophobie et l'Intolérance, les ministres africains demandent que l'Occident s'excuse publiquement et s'engage à payer des réparations matérielles pour cette « tragédie unique », ce « crime contre l'humanité sans aucun parallèle ». Cette terminologie réinscrit la traite et l'esclavage dans un temps hors humanité[20]. L'événement historique entre dans le registre de la métaphysique. Cette approche est loin d'encourager des analyses diverses et critiques du désastre. Elle s'associe à une condamnation moraliste et à une doctrine où « souffrance et vérité, souffrance et rédemption, souffrance et pureté spirituelle » sont confondues, et où la « souffrance constitue la voie vers le

---

18. Elazar Barkan a raison de souligner la nécessité de distinguer les notions de restitution, de compensation, de rétribution et de réparation, dans *The Guilt of Nations. Restitution and Negotiating Historical Injustices*, New York, Norton, 2000. J'utilise ici le terme de réparation dans son acception générale : réparation symbolique et/ou matérielle par un groupe ou un peuple d'un dommage subi dans le passé lointain ou proche.

19. Wole SOYINKA, *The Burden of Memory. The Muse of Forgiveness*, Oxford, Oxford University Press, 1999.

20. Pour consulter le texte intégral de la déclaration, www.unitednations.com

sacré »[21]. Dans ce discours de la réparation et du pardon, ce qui est visé c'est une inscription des formes de subjectivité dans une totalité objective, ce qui est souhaité c'est le retour d'un avant harmonieux. Il est tout à fait compréhensible de désirer l'harmonie et la concorde, mais quand ce rêve cherche à s'appliquer au politique, il mérite d'être examiné de près. Dans cette identification au passé, identité et mémoire collectives entrent dans une relation circulaire : certains souvenirs sont utilisés pour fonder l'identité collective, et ces souvenirs renforcent l'identité en question, qui, à son tour, choisit les souvenirs qui justifient ses demandes, etc. La demande de réparations comporte donc de nombreux dangers. Ainsi, imaginons que l'Occident (un terme à préciser) accepte de présenter des excuses. Ces réparations pourraient lui permettre de voir la situation en ces termes : « *Nous* avons fait quelque chose pour *eux*, nous avons affaibli leur souffrance, calmé leur protestation, résolu une partie de leurs problèmes. Nous pouvons maintenant nous laver les mains des futures inégalités[22]. » Le modèle juridique qui sous-tend la demande de réparations est profondément insuffisant. Il s'appuie trop sur le fait de pouvoir mesurer en termes quantitatifs la nature et l'impact du dommage. Ne peut-on plutôt penser que les héritiers de cette catastrophe (héritiers au sens large, au sens de vivre dans un monde où l'esclavage fut un système économique dominant) doivent faire face aux horreurs qui furent commises afin de comprendre les *conséquences contemporaines* de ces crimes[23] ? Ce qui pourrait conduire, par exemple, à

---

21. Ces expressions sont employées par Élie WIESEL dans *All Rivers Run to the Sea : Memoirs*, New York, 1995. Il est cité et critiqué par Peter NOVICK dans *The Holocaust in American Life*, New York, Houghton Miffin, 1999. Sur l'utilisation du vocabulaire chrétien laïcisé, des politiques de victimisation, voir aussi : Michael A. BERNSTEIN, « Unspeakable No More », *Times Literary Supplement*, 3 mars 2000 ; Ian BURUMA, « The Joys and Perils of Victimhood », *The New York Review of Books*, 8 avril 1999 ; Eva HOFFMAN, « The Uses of Hell », *The New York Review of Books*, 9 mars 2000 ; Thomas LAQUEUR, « The Sound of Voices. Intoning Names », *London Review of Books*, 5 juin 1997.

22. C'est un des arguments de Glenn C. LOURY, « It's Futile to Put a Price on Slavery », *New York Times*, 20 mai 2000.

23. C'est, je l'espère, ce qui animera les experts chargés de mettre en place les manuels scolaires annoncés par la loi du 10 mai 2001.

porter la discussion sur l'organisation sociale dans les sociétés post-esclavagistes, à voir comment les restes des inégalités coloniales perdurent aujourd'hui, au lieu d'insister sur une réparation comme don compensatoire (et donc, encore une fois, reconduire la dette). Pour les descendants d'esclaves, la réparation nécessiterait une émancipation plus grande par rapport à la France, une France tout autant fictive que réelle. Réparer ce serait alors en finir avec la structure qui consiste à mettre de côté les ambiguïtés, les passions, les sentiments de haine et d'animosité qui animent la société post-coloniale et examiner ce qui fait lien, ce qui constitue la structure des négociations quotidiennes.

Au cours des cinq chapitres de ce livre, j'examine ces différents aspects de l'esclavage et de l'abolitionnisme. Dans le premier chapitre, j'explique en quoi je trouve pertinente aujourd'hui une relecture de l'abolitionnisme. Je traite ensuite de l'élaboration juridique, par l'abolitionnisme européen, d'un droit et d'une jurisprudence humanitaire associés à un droit d'intervention. Puis je compare les abolitionnismes anglais, américain et français et l'adoption par ces doctrines d'une rhétorique de la faute (l'esclavage) et de son pardon (l'abolition). Dans le quatrième chapitre, j'examine l'application dans une colonie post-esclavagiste de l'utopie coloniale abolitionniste et les difficultés qu'elle rencontra. J'observe enfin les tensions vécues par une société créole contemporaine issue de l'esclavage français et modelée par le républicanisme. J'insiste plus particulièrement sur les aspects discursifs de l'abolitionnisme et ses conséquences dans les relations qu'entretient actuellement la France avec ses anciennes colonies. Même si ce livre n'est pas un travail d'historienne, j'ai pris soin de rappeler certains faits et de préciser quelques dates afin de fournir des repères au lecteur découvrant cette histoire peu connue. Sur ce point, je suis redevable envers les historiens et les critiques américains et anglais, mais également envers quelques historiens français, antillais et réunionnais qui ont traité ces événements dans un cadre qui ne se limite pas à l'analyse économique.

1.

L'âge de l'amour

> « Article 44 : Déclarons les esclaves être meubles, et comme tels entrer en la communauté[1]. »

Les sociétés créoles, issues de l'empire français esclavagiste et colonial, ont radicalement changé depuis 1946, date à laquelle les Vieilles Colonies – Martinique, Guadeloupe, Guyane, Réunion – sont devenues des départements français. Le statut colonial ne fut aboli qu'un siècle après que le fut l'esclavage. Aujourd'hui, ces territoires sont encore et toujours dépendants de la France. Dans un monde où la globalisation de l'économie et la partition du monde en régions économiques, entraînant une prédominance de l'axe Nord-Sud, altèrent profondément les circuits de production et de distribution, les départements français d'outre-mer présentent une situation pour le moins ambivalente. Leur économie, liée à celle de la France et de l'Europe, a peu évolué ; leur principale production reste tributaire du modèle colonial (sucre, banane) ; les emplois se situent dans les services publics et privés. Pourquoi ces sociétés ne sont-elles pas parvenues à passer d'un monde colonial à l'autonomie politique et économique ? Elles sont dominées par le chômage, la petite délinquance, la drogue, les violences domestiques et familiales, tout en déployant une créativité littéraire et artistique qui fait honneur au multiculturalisme à la française : telle est l'impression que donnent la plupart des études consacrées au sujet. Le privilège d'avoir pu observer ces sociétés de

---

1. Article 44 du Code Noir (1685-1848).

l'intérieur me permet d'ajouter à ce tableau quelques touches assez sombres : un provincialisme exacerbé, une inflation narcissique et son envers, une mélancolie dépressive et une histoire politique qui remet en cause l'épopée de la nation française. Où chercher les raisons des problèmes sociaux, culturels, économiques et politiques des Vieilles Colonies ? Le cent cinquantenaire de l'abolition de l'esclavage en 1998 a réactualisé ces questions et nombreux furent ceux qui ont accusé l'esclavage d'être source à la fois des maux et de l'indéniable créativité des sociétés créoles. L'héritage de l'esclavage et de son abolition a posé de nombreux problèmes : comment définir le crime (traite des esclaves et esclavagisme), comment cerner la responsabilité des États et des groupes, comment peser le pouvoir des mots (tels ceux du racisme colonial), quel jugement porter sur le passé (à partir de quelle position et au nom de quelle loi condamner le crime de l'esclavage), comment éviter les écueils d'un révisionnisme de l'histoire (pour ne pas prétendre juger en fonction de critères modernes des événements vieux de plusieurs siècles) ?

Ces problèmes étouffés par le passé resurgissent aujourd'hui. Dans les colonies françaises, l'esclavage ne fut aboli par décret qu'en 1848, par la Deuxième République. Par cette décision, la France, qui, pendant plus de deux siècles, avait activement participé à la traite et avait institué dans ses colonies le système esclavagiste, a rejoint la communauté des états abolitionnistes. Les républicains s'enorgueillissent d'avoir été les principaux instigateurs de l'abolition. Cependant, tout en réservant le meilleur rôle au républicanisme, l'historiographie républicaine minore l'importance de l'événement. Aux yeux de ceux qui élaborent le roman familial de la République, l'épopée de l'abolitionnisme, si gratifiante soit-elle, ne marque pas une grande date historique. La traite et la libération des esclaves ne sont pas intégrées dans la geste de l'émancipation. Aucun des grands historiens français ne se penche sur l'esclavage et son abolition ; aucun roman abolitionniste ne connaît le succès de *La Case de l'oncle Tom* ; aucun des grands débats politiques de la Troisième République ne soulève la question du devenir des populations des colonies post-esclavagistes. Un siècle s'écoule avant que ne soit célébré en 1948, avec une remarquable discrétion, le cente-

naire du décret. Depuis deux ans, les Vieilles Colonies sont devenues des départements français. Les descendants d'esclaves,
citoyens depuis 1848, ne sont plus des colonisés. Dans les années
1970, ils affirment leur identité « créole » et leur désir de voir
reconnaître leur histoire. Ce n'est finalement qu'en 1998, lors du
cent cinquantenaire du décret, que le gouvernement, comme les
institutions des sociétés post-esclavagistes, concèdent à l'événement une dimension spécifique. À l'occasion de la commémoration, l'abolition de l'esclavage acquiert un nouveau statut : pour le
gouvernement, elle constitue la preuve du bien-fondé des institutions républicaines et de la doctrine d'intégration ; pour nombre
de Créoles, elle est la preuve de leur spécificité. Cette place enfin
acquise dans l'histoire reste cependant ambiguë. Car, si la commémoration de l'événement donne finalement lieu à un débat public
en France et dans les départements d'outre-mer, elle reste prison-
nière d'un discours qui continue généralement à éviter tout ce qui
contredit la rhétorique de la célébration : la grandeur de la doctrine
républicaine, celle de la résistance des esclaves sont exaltées de part
et d'autre. Ces deux versions d'une même rhétorique sont loin
d'avoir le même impact, celle de la résistance des esclaves n'ayant
pas été acceptée par les gouvernements successifs de la République
française et ses institutions. Mais chacune de ces versions, dans son
désir d'imposer sa vérité, adopte trop vite le ton de l'indignation,
de la dénonciation, de l'accusation et de la morale. Même si les
travaux consacrés au sujet se sont récemment multipliés, le débat
reste vif, violent et crispé, et cette crispation est le signe que l'histoire devrait être revue, puisque ses prémisses ne sont pas acceptées.

Ce retour sur l'histoire de l'esclavage relance aussi un débat :
quelles formes de réparation les descendants d'esclaves seraient-ils
en droit d'exiger ? D'ailleurs, qui peut prétendre à réparation ?
Telle est la question que pose Wole Soyinka. Si crime il y a eu, par
qui fut-il commis ? Comme le rappelle Soyinka, sans la collabora-
tion et la participation active des rois et des chefs africains, la traite
des esclaves n'aurait pu être alimentée[2]. Et que dire du rôle joué

---

2. SOYINKA, *op. cit.*, p. 89.

par les marchands d'esclaves arabes ? Les faits montrent qu'il est
plus difficile d'imputer la responsabilité du crime lorsqu'on ne
distingue pas nettement victimes et bourreaux. La question de la
complicité a longtemps obscurci le débat sur les responsabilités de
l'esclavage. Sans renvoyer dos à dos les dénonciateurs et les néga-
teurs de l'étendue du crime et des compensations envisageables, il
faut souligner quelles difficultés récurrentes posent l'esclavagisme
et son abolition aux mondes européen, africain, musulman, aux
diasporas africaines et aux communautés créoles.

Il semble donc justifié de revenir sur l'histoire de l'esclavage et
de l'abolitionnisme. Jusqu'à présent, il existe peu de réflexions sur
la doctrine politique de l'abolitionnisme, et ni la question de la
traite ni celle de l'esclavage n'entrent dans les programmes
scolaires en France ; ainsi se manifeste un désir affiché de ne pas
être « esclave de l'esclavage ». La commission interministérielle de
1998 a repris à son compte cette formule empruntée à Frantz
Fanon[3]. Dans sa conclusion de *Peau noire, masques blancs*, Fanon
refuse de chercher dans l'histoire le « sens de [sa] destinée ». En
arguant que « le Nègre n'est pas. Pas plus que le Blanc », Fanon
rejette une définition fondée sur une essence de la négritude, qui
serait pétrifiée par l'emprise du passé et paralysante vis-à-vis de
toute possibilité d'action future. Dans cette optique, « l'homme de
couleur n'a pas le droit de se cantonner dans un monde de réparations rétroactives ». C'est donc au nom d'une même humanité,
d'une même combativité, que le Noir d'aujourd'hui n'a « ni le
droit ni le devoir d'exiger réparation pour [ses] ancêtres domesti-
qués ». Fanon ne prône pas le devoir de mémoire, mais un tout
autre devoir : celui de former une alliance, une coalition des
damnés de la terre. Le passé n'est que ruines et désolation, et ce
serait s'abandonner à la mélancolie et sombrer dans la passivité
que de s'y attarder. Selon lui, l'heure est venue d'agir. Fanon refuse
de s'encombrer du fardeau de l'esclavage. Conformément à la
conception sartrienne de la liberté, qui impose à l'individu d'« être
son propre fondement », Fanon désirerait faire table rase du passé.

---

3. Frantz FANON, *Peau noire, masques blancs*, Paris, Seuil, 1952.

Sa vision de l'histoire glisse vers la rédemption héroïque et ne laisse pas place à la recherche historique, à la lente collection des faits et à la méditation qu'elle pourrait permettre. Il est vrai que le passé peut constituer un refuge, et sa reconstruction, le moyen de donner au présent l'interprétation qui convient à un discours de la victimisation, de la vengeance ou du ressentiment ; mais la recherche historique ne permet-elle pas aussi de remettre en question les mythes, les traditions, les épopées, les monuments et les versions institutionnalisées ? Elle est bien souvent conduite à remettre en question les constructions idéologiques. Pour Fanon, réparation signifie émancipation, projection dans l'avenir, utopie politique. Si justifiée que soit cette position, elle surestime l'effet de cette projection et Fanon lui-même n'exclut pas certaines formes de réparation (nationalisation des industries, création d'une culture nationale). La connaissance du passé ne saurait justifier une politique du ressentiment. L'identité d'un individu ne peut se fonder sur sa seule position de victime. Cependant, il serait souhaitable d'intégrer à l'épopée nationale une révision de l'histoire de la traite négrière et de l'esclavage dans les colonies françaises afin de rétablir la vérité sur ces événements.

Cette étude s'attachera non à présenter la lutte des esclaves ou le discours abolitionniste des « Libres de couleur », mais à revenir sur la doctrine politique de l'abolitionnisme, telle qu'elle fut énoncée au milieu du XIXe siècle et au début du XXe. L'abolitionnisme n'est plus animé alors de l'élan utopiste qui l'avait soutenu au XVIIIe siècle dont *L'An 2440* de Louis-Sébastien Mercier offre un bon exemple[4]. Après sept cents ans de sommeil, l'auteur se réveille et déambule dans un monde transformé, où la tyrannie a été écrasée. Il découvre « sur un magnifique piédestal, un nègre la tête nue, le bras tendu, l'œil fier, l'attitude noble imposante. Autour de lui étaient les débris de vingt sceptres. À ses pieds, on lisait les mots : "Au vengeur du nouveau monde !" » Cet homme a délivré

---

4. Louis-Sébastien MERCIER, *L'An 2440, rêve s'il en fut jamais*, Londres, 1786. Sur Mercier, voir Hermann HOFER (éd.), *Louis-Sébastien Mercier précurseur et sa fortune*, Munich, Wilhem Fink Verlag, 1977 ; Henry F. MAJEWSKI, *The Preromantic Imagination of Louis-Sébastien Mercier*, New York, Humanities Press, 1971.

le monde de la « tyrannie la plus atroce, la plus longue, la plus insultante. […] Tant d'esclaves opprimés sous le plus odieux esclavage, semblaient n'attendre que son signal pour former autant de héros… Français, Espagnols, Anglais, Hollandais, Portugais, tous ont été la proie du fer, du poison et de la flamme ». Pour Mercier, la révolte des esclaves est non seulement juste et victorieuse, mais annonciatrice d'un monde meilleur. La littérature abolitionniste du XIXᵉ siècle s'éloigne de ce modèle. Selon la nouvelle vision romanesque, la révolte des esclaves, certes inévitable, ne peut se faire que dans des flots de sang et préfigure un ordre tyrannique, peut-être pire que l'esclavage. Même s'il ne considère pas les Africains comme les égaux des Blancs, puisque l'Europe doit leur apporter civilisation, culture et industrie, l'abolitionnisme du XVIIIᵉ siècle est encore associé à un humanisme égalitaire et anti-tyrannique, dont les défauts apparaîtront vite. Entre-temps, la Révolution haïtienne a ébranlé le monde esclavagiste et l'Europe. Les témoignages se multiplient où la destruction meurtrière des troupes napoléoniennes est tue, pour mieux dénoncer la barbarie des Noirs. La brutalité qui règne pendant les dernières années de la Révolution est attestée par tous les historiens, quels que soient leurs sentiments envers la République noire. Dans son *Manifeste* de 1814, le roi Christophe se souvient des « gibets érigés ; des corps noyés, brûlés, des plus horribles punitions ». Dépêché sur place par Napoléon, le vicomte de Rochambeau se distingue par sa cruauté. Il fait venir de Cuba des chiens qu'il affame et rend fous de rage avant de les jeter sur les esclaves aux accents de la musique militaire, des encouragements et des applaudissements de la foule. Les témoignages décrivent les raffinements pervers d'une société qui se venge avec fureur de sa peur[5]. Les bals somptueux se succèdent, où Pauline Bonaparte et sa cour rivalisent avec les mulâtresses, pendant que les soldats brûlent, pillent et violent. Pendant les derniers jours de la colonie Saint-Domingue, l'argent, les intrigues, l'avidité, l'avarice, la poursuite du plaisir et du luxe dominent la société. Dessalines

---

5. Voir le très beau chapitre consacré à cette période, « Last Days of Saint-Domingue », dans Joan DAYAN, *Haiti, History and the Gods*, Berkeley, University of California Press, 1998.

décrit les soldats français comme des « tigres assoiffés de sang ». La victoire des esclaves met fin à cette réplique de l'Ancien Régime sous les tropiques. Plus de dix mille planteurs quittent l'île ; ils vont alimenter la peur des révoltes d'esclaves, en brandissant régulièrement la menace d'un autre Haïti et en publiant des textes qui donnent de la Révolution haïtienne l'image d'un soulèvement barbare et sanglant. À la lecture de ces récits, on pourrait croire que la seule victoire d'esclaves révoltés aurait spontanément et tout *naturellement* donné naissance à la barbarie. République noire devient dès lors synonyme de sauvagerie et de bestialité. Les partisans de l'esclavage ne sont pas les seuls à brandir cette menace ; les abolitionnistes eux-mêmes l'utilisent pour justifier leur combat : selon eux, ne pas consentir à proclamer l'abolition, c'est risquer de susciter de nouvelles révoltes et de nouveaux Haïti. Ces témoignages obli-tèrent l'histoire de la Révolution haïtienne et de ses chefs, dont les arguments, les stratégies et toute la perspicacité politique sont passés sous silence. La réalité des faits se trouve effacée, même si le souvenir des violences perdure ; Napoléon rétablit l'esclavage dans les colonies françaises ; la discrimination raciale se perpétue.

L'abolitionnisme préfigure déjà la politique humanitaire qui va gouverner la relation du monde occidental au monde africain. Son discours déplace la responsabilité ; les responsables, ce sont les Blancs des colonies et les marchands d'esclaves africains, malgaches et arabes. L'Europe se réhabilite en se posant en gardienne des valeurs humanistes et en affectant une contrition qui la pousse à prendre la tête de la lutte anti-esclavagiste, au moment même où elle s'engage à fond dans la conquête impériale. La littérature abolitionniste du XIXe siècle reflète ce glissement. Elle se dépouille du sentimentalisme qui l'animait au XVIIIe siècle et se prononce en faveur de la conquête coloniale. Le décret du 27 avril 1848 libère les esclaves et les transforme en prolétaires colonisés.

La forme juridique que prend cette décision et les raisons économiques qui y conduisent sont des données d'ordre historique – des données datées, aux tenants et aux aboutissants repérables, aux séquelles mesurables dans l'ordre juridique ou économique. En revanche, le discours qui l'accompagne, et tout ce qui déclenche, précipite et consacre cette évolution, transcende la particularité des faits par la dimension universaliste de ses thèses et par un retentissement universel qui perdure de nos jours. Si surannée qu'en puisse paraître de prime abord la phraséologie, ce discours mérite d'être disséqué. Dans la mesure même où ses effets persistent, il est nécessaire d'analyser les éléments qui le constituèrent. Aussi faut-il considérer le terme même d'abolition d'une part, en regard des images, des métaphores et des analogies qui y sont associées ; et, d'autre part, la figure de l'affranchi, telle qu'elle émerge dans les colonies. Peut-on se contenter d'arguer que l'abolitionnisme européen constitue une doctrine bien commode pour masquer les nouveaux intérêts économiques du capital, comme le soutient Eric Williams dans sa remarquable étude *Capitalisme et esclavage* ? En tant que doctrine favorable à l'élargissement d'une communauté de citoyens égaux, l'abolitionnisme contribue au développement de la démocratie ; en revanche, en tant que doctrine expiatoire, il aspire à une harmonie largement fantasmatique et reste aveugle à des réalités d'autant plus opaques qu'elles sont conflictuelles. L'abolitionnisme français a diverses facettes : grande cause humanitaire, il est aussi une idéologie de l'assimilation, et il promeut une vision familialiste des relations politiques qui sont en fait conflictuelles. En tant que cause humanitaire, il permet certes la libération des esclaves dans les colonies françaises, mais il vient aussi très commodément justifier l'intervention coloniale. En tant qu'idéologie de l'assimilation, il apporte à l'élite non possédante et non blanche une théorie de l'émancipation, envisageable par le biais de l'intégration. En tant que vision familialiste, il confère une coloration fortement sentimentale à des rapports conflictuels et violents. Assimilation, émancipation, intégration – ces trois notions se trouvent ainsi étroitement imbriquées dans le discours abolitionniste. Elles constitueront les fondements des mouvements républicains anti-coloniaux. Or, chacune de ces notions renvoie à des aspirations et à des réalités différentes. Cette ambiguïté, qui sous-tend les relations entre la France et ses colonies esclavagistes, donne lieu à des malentendus, à des relations lourdes de non-dit, de ressentiment et de frustrations. Le concept central du libéralisme est la notion d'humanité. Or cette notion ne relève pas du politique, car le sentiment d'appartenance à l'humanité ne repose pas sur des choix politiques. Cependant, l'abolitionnisme s'appuie sur la notion d'humanité tout en se référant à la notion politique de démocratie. Celle-ci s'élabore en fonction d'une discrimination entre un *nous* (le *demos*, le peuple) et un *eux* (l'ennemi, les autres). À l'heure de l'abolition, il est donc question à la fois d'accorder des droits à un groupe qui a été privé de ses droits naturels, associés à l'idée d'humanité, et, par ailleurs, de redéfinir le peuple, en décidant si le groupe qui vient d'être intégré à l'humanité peut aussi intégrer le *demos*. Les abolitionnistes résolvent cette tension en opérant à la fois une inclusion et une exclusion : inclusion dans l'humanité, exclusion du *demos* français. Cela se traduit dans les faits par une semi-exclusion qui renforce la confusion : les affranchis hommes deviennent des citoyens tout en restant des colonisés. Le lien politique se fonde alors sur la notion d'humanité commune et non de *demos* commun. Les abolitionnistes, qui ont opposé un modèle moral, faisant appel à la raison et à l'argumentation rationnelle, au modèle économique, reposant sur des intérêts, court-circuitent la question politique. Par là, ils accordent aux affranchis le statut d'êtres humains mais leur refusent le statut de membres actifs de la communauté politique.

À l'occasion du cent cinquantenaire de l'abolition de l'esclavage le *devoir de mémoire* a été prôné plus d'une fois. Ce terme est emprunté à Primo Levi, rescapé d'Auschwitz. Mais Primo Levi lui-même a mis en garde contre les errements d'une mémoire capable de réorganiser le passé afin de satisfaire aux besoins du présent[6]. Comment donc concevoir une histoire de la traite et de l'esclavage qui ne rejetterait pas ces événements en marge de l'histoire ou dans la sphère de l'indicible, de l'irréparable et du non-humain ? Comment écrire, comment symboliser les dommages profonds et irrémédiables que constituent la traite et l'esclavage ? Les esclaves des colonies françaises ne se sont guère exprimés et leur histoire reste pour l'essentiel à exhumer des actes notariés, des archives de police et de commerce. Pour une grande part, la servi-

---

6. L'interview a eu lieu en 1982. Elle fut publiée en 1989 dans *Rassegna mensile di Israel* et traduite en français en 1996.

tude n'a été évoquée qu'à travers une rhétorique où dominent des images de persécution et de victimisation. Cette évocation, qui met en scène bourreaux (Européens) et victimes (Africains), n'a été récusée par aucune des deux parties. Elle permet aux Européens d'adopter un ton d'indignation morale et aux Africains d'oublier quelle complicité fut celle de leurs ancêtres dans le commerce d'êtres humains. Extrait de son substrat économique et de toute l'économie de la traite, l'esclavage apparaît comme un pur événement, incompréhensible, aussi indicible qu'abject. Le pathos de la victimisation, d'une part, et la jouissance de l'indignation morale, de l'autre, ne permettent pas d'appréhender la traite et l'esclavage comme des moments structurants de l'histoire de l'humanité. La force d'injonctions paradoxales, telles que « dire l'indicible » ou « penser l'impensable », assure sans doute à peu de frais au discours de la réparation une grandiloquence pseudo-philosophique. Mais c'est au prix de relancer le processus de projection : suivant ce type de raisonnement manichéen, seuls des barbares seraient capables de telles horreurs. Quelle leçon retirer de ces moments ? Qu'en déduire, touchant des notions telles que la souveraineté, la liberté, l'excès (de violence, de cruauté), voire la fonction du droit dans la formation des notions de crime et de réparation ?

En mai 1998, le Comité pour une commémoration unitaire de l'abolition de l'esclavage des Nègres dans les colonies françaises organisait une « Journée de réflexion sur le devoir de mémoire parmi les Antillais, Guyanais et Réunionnais ». À la question : « Pourquoi nos grands-parents, nos parents se sont-ils tus ? », la thérapeute guadeloupéenne Viviane Romana répondait que le silence n'était pas signe d'amnésie collective ; en effet, comment pourrait-il y avoir amnésie, s'il n'y a pas eu connaissance au préalable ? Or, l'enseignement français a toujours contourné la question de l'esclavage, qui n'a donc pas pu faire l'objet d'un savoir historique partagé par tous. Ce silence fut cependant non seulement organisé par les héritiers des bourreaux, mais également perpétué par ceux-là mêmes qui auraient dû chercher à le briser. Selon Viviane Romana, le silence des descendants d'esclaves peut être imputé à trois raisons. En premier lieu, toute victime d'un traumatisme évite non seulement de l'évoquer, mais même d'évoquer les cauchemars suscités par ce refoulement. En second lieu, les techniques déshumanisantes qui organisent la vie sur le mode de l'isolement, de la dispersion, de la torture, de la violence et de la menace de mort génèrent des stratégies de survie. Les parents enseignent aux enfants comment survivre, tout en taisant les raisons qui imposent cette nécessité. Enfin, les générations antérieures se sont tues afin que les générations présentes puissent avancer, allégées du fardeau du passé. Ainsi s'est mise en place, selon Patrick Chamoiseau, une « médecine du silence », qui prône l'abandon de la *mémoire obscure* – qui peut resurgir sous forme d'hallucinations – en faveur d'une *mémoire consciente* qui œuvre avec *et* contre l'oubli. À mon sens, au sein de la communauté francophone, l'esclavage subsiste comme un secret de famille tout en étant refoulé, et, par là même, il ne cesse de hanter la communauté. Le 23 mai 1998, les membres du Comité conduisaient une manifestation silencieuse de plus de vingt mille Antillais, Guyanais et Réunionnais dans les rues de Paris. Les manifestants posaient la question de la réparation symbolique et matérielle de la traite et de l'esclavage. En rendant hommage à leurs ancêtres victimes de la traite et de l'esclavage, ils exigeaient que l'esclavage soit reconnu comme un crime contre l'humanité. Par cette manifestation, ils remettaient en question le slogan gouvernemental : « tous nés en 1848[7] ». Ce « tous nés », assez surprenant, illustre en fait parfaitement le rôle de la mission interministérielle : donner à travers la commémoration l'image d'une nation réconciliée autour d'une même date de naissance, dans une parfaite entente. 1848 aurait donné naissance aux « enfants de l'abolition qui, quelles que soient leur ascendance et leurs différences, se veulent les défenseurs vigilants de la liberté et de l'égalité[8] ». La naissance commune entraînerait naturellement l'adhésion à une communauté de vues. Ces déclarations optimistes entendaient montrer « grâce à une juxta-

---

7. Le slogan illustrait la photo de jeunes femmes et de jeunes hommes, noirs, blancs et métis.

8. Explication de l'affiche par ses concepteurs de l'Agence Publicis. Dossier d'information de la mission interministérielle, avril 1998.

position subtile entre l'image et l'écrit, le métissage assumé grâce au rétablissement en 1848 en France et dans les Territoires d'Outre-Mer de la liberté et de l'égalité[9] ». Elles se voulaient aussi pédagogiques, « l'intégration n'étant pas définitivement acquise et le combat pour la liberté jamais terminé ». Pourquoi avoir choisi 1848 comme date de naissance ? Cette question mérite réflexion. Où situer la naissance à la démocratie d'un individu ou d'un groupe ? Lui-même descendant d'esclave, l'écrivain James Baldwin a situé la « naissance » des Africains-Américains à la démocratie américaine au moment de la traversée qui mena ces esclaves et leurs descendants d'Afrique en Amérique. Il désirait par là distinguer clairement cette naissance de celle de la nation américaine elle-même, qui s'est fondée sur l'exclusion. Il désirait ainsi montrer que tout Africain-Américain était de ce fait voué à incarner en sa propre personne la contradiction même de la Déclaration d'indépendance. En condamnant moralement la conception raciale qui occupe en fait une position centrale dans le système de la traite et de l'esclavage, et donc dans l'élaboration de la liberté et de la citoyenneté, les propositions de 1998 tendent à évacuer la question du débat. Il est plus facile de condamner moralement le racisme que de revenir sur la généalogie de la notion de race.

Tout au contraire, pour assainir la question raciale, il faut revenir sur la relation intime qui s'est établie entre esclavage et race. Dans les colonies esclavagistes, les notions de race et de classe se sont construites autour de l'esclavage. Travailler pour autrui signifiait être esclave. La notion de race est le produit de cette histoire. Elle a été le principe organisateur des sociétés esclavagistes. Il faut bien sûr se garder d'en faire le principe organisateur de la société créole contemporaine ; mais il faut tout de même en reconnaître l'importance, en exhumer les traces subsistant dans l'imaginaire et dans les relations sociales – bref en établir la généalogie. La commémoration de 1998 fut en somme consensuelle, associant dénonciation du crime, mise en garde contre toute forme de ressentiment ou de culpabilité, et célébration des peuples

---

9. Documents de Publicis Conseil, avril 1998.

créoles en lesquels le monde pourrait voir son avenir[10]. L'écart entre cette représentation idéalisée et la réalité des sociétés créoles laisse sceptique quant à cet avenir. Et les déclarations destinées à rassurer la population en refusant de formuler quelque accusation que ce soit et de laisser fuser quelque colère que ce soit, annonçaient un programme lénifiant, où les bons sentiments devaient dominer[11].

Pour la plupart des Français, l'esclavage appartient à l'histoire ancienne. Les descendants d'esclaves sont citoyens français, leurs territoires sont intégrés dans la République. Que dire et que faire de plus ? Pour reprendre les mots de James Baldwin : « C'est bien la victoire – et la perte – de cette société d'avoir été capable de convaincre ceux qu'elle avait assignés à un statut inférieur de la réalité du décret [d'abolition] ; d'avoir eu la force et les moyens de transformer son *dictum* en fait, et de faire des inférieurs de ceux qui l'étaient prétendument[12]. » L'esclavage et l'abolitionnisme ont façonné la France et ses colonies esclavagistes. L'abolitionnisme a

---

10. La commémoration connut quelques ratés, bien vite oubliés. Ainsi l'incident provoqué par la réponse du Premier ministre, Lionel Jospin, à la question d'Huguette Bello, député de La Réunion, sur la façon dont le gouvernement se proposait de célébrer cette date. Jospin déclara que gauche et droite s'étaient opposées au sujet de l'abolition comme au sujet de l'affaire Dreyfus, ce qui amena l'opposition à quitter la Chambre en signe de protestation, la droite refusant surtout d'être accusée d'avoir été antidreyfusarde. Les historiens consultés se concentrèrent d'ailleurs sur cet aspect. Si l'affaire Dreyfus restait une grande cause, prêtant toujours à débat, l'esclavage aurait été unanimement condamné par tous. Comment l'esclavage et sa condamnation pourraient-ils donner lieu à un débat aujourd'hui puisque, déjà en 1848, il n'y avait eu ni débat, ni controverse selon l'historien René Rémond. Voir *Le Monde*, 16 janvier 1998 ; *Libération*, 15 janvier 1998.

11. La déclaration du secrétaire d'État à l'outre-mer, Jean-Jacques Queyranne, paraissait à cet égard plus réaliste quand il reconnaissait que se perpétuent les « formes anciennes de domination et que la couleur de peau reste trop souvent, en outre-mer comme ici, un indice voire un facteur de la position de l'individu dans l'échelle sociale ». Conférence de presse, 7 avril 1998.

12. James BALDWIN, « Everybody's Protest Novel », *Partisan Review*, juin 1949, p. 583. « *It is the peculiar triumph of society – and its loss – that it is able to convince those people to whom it has given inferior status of the reality of this decree ; it has the force and the weapons to translate its dictum into fact, so that the allegedly inferior are actually made so.* »

inauguré le discours de l'aide humanitaire et a milité pour l'établissement d'une loi supranationale, violant la souveraineté des
États, au nom d'une loi supérieure, celle des « principes univer-
sels » et de la morale. La contribution de l'esclavagisme et de l'abolitionnisme à la pensée politique, au droit, et à l'imaginaire littéraire est suffisamment importante pour justifier d'en réviser
l'histoire. L'intégration, l'assimilation des descendants d'esclaves
serait-elle si réussie qu'elle rende caduque toute analyse de l'esclavagisme et de l'abolitionnisme ?

Ces dernières années, à travers les thèmes de l'identité nationale et de la citoyenneté, a resurgi celui de l'empire colonial[13].
Dans cette remise en question qui porte sur « l'altérité que la
France comporte en elle et que, pour la plus grande part, elle
dénie[14] », l'expérience coloniale est invoquée à titre d'exemple
privilégié. En revanche, l'expérience de l'esclavage et de l'anti-
esclavagisme, envisagée le plus souvent sous l'angle humanitaire et
jamais sous l'angle politique, n'occupe qu'une place marginale
dans la réflexion sur la citoyenneté française. Alors que l'abolitionnisme serait intimement ancré au cœur de la pensée républicaine, l'esclavagisme serait assimilé à l'Ancien Régime, donc à une
époque révolue, définitivement effacée par la rupture révolutionnaire. L'esclavage relèverait donc de la « pré-histoire ». Par rapport
à la valeur éminemment révolutionnaire de la liberté, l'esclavage
fait figure de valeur négative absolue, de limite idéale. Or si l'esclavage ne constitue qu'une limite négative dans cette vision de
l'histoire, il devient impossible de le penser en tant que tel. Il est
condamné, rejeté, honni ; mais en vertu de l'indignation morale
qu'il suscite en tant que « crime », sa réalité se trouve abolie,

---

13. Voir Jean-Loup AMSELLE, *Vers un multiculturalisme français. L'empire de la
coutume*, Paris, Aubier, 1996 ; Étienne BALIBAR, *Droit de cité. Culture et politique en
démocratie*, Paris, Éditions de l'aube, 1998 ; Sonia CHANE-KUNE, *Aux origines de l'identité réunionnaise*, Paris, L'Harmattan, 1996, et *La Réunion n'est plus une île*, Paris,
L'Harmattan, 1997 ; Mickaëlla PÉRINA, *Citoyenneté et sujétion aux Antilles francophones.
Post-esclavage et aspiration démocratique*, Paris, L'Harmattan, 1998 ; Michel WIEVIORKA
(éd.), *Une société fragmentée ? Le multiculturalisme en débat*, Paris, La Découverte, 1997.
14. Étienne BALIBAR, « Algérie, France : une ou deux nations ? », dans *Droit de cité.
Culture et politique en démocratie*, Paris, Éditions de l'aube, 1998, p. 74.

renvoyée à la non-existence. Toutefois, la morale constitue un piètre outil en matière d'investigation historique. Il existe des études, et des plus remarquables, consacrées au sujet, mais centrées soit sur des personnalités marquantes de l'abolitionnisme, soit sur des formes spécifiques prises par celui-ci ou par les aspects juridiques et économiques de l'esclavage[15].

C'est tout au contraire comme phénomènes indissociables l'un de l'autre que doivent être abordés l'esclavage et l'abolitionnisme. Cette étude considère donc certains effets de l'esclavage – racialisation, déshumanisation, métissage, créolisation – et de l'abolitionnisme – cause humanitaire et idéologie de réconciliation. Parler de l'esclavage, c'est aborder à la fois l'effacement des origines, l'exclusion d'une communauté politique et d'une communauté humaine, la notion de race comme principe organisateur de la vie sociale et économique, le métissage et la créolisation. Parler de l'abolitionnisme, c'est jeter un éclairage sur le passé qui explique en partie le présent, et notamment la citoyenneté paradoxale, ainsi que sur les perspectives et les limites d'une cause humanitaire – et peut-être de toute cause humanitaire. J'ai choisi d'observer ces effets à La Réunion. Trop souvent confondue avec les Antilles, cette île appartient en fait au monde indo-océanique, espace d'échanges et de contacts entre les mondes africain, asiatique et arabo-islamique, et, ultérieurement, entre ces mondes et le monde européen. Colonisée par la France au XVIIᵉ siècle, La Réunion a longtemps occupé dans l'empire prérévolutionnaire une place marginale, dans la dépendance de son « île sœur », l'île

---

15. Il y a bien sûr l'étude consacrée au Code Noir par Louis Sala-Molins. Citons parmi les études de ces trente dernières années, celles sur Victor Schœlcher (Alexandre-Debray, 1983 ; Schmidt, 1994), sur l'esclavage aux Caraïbes (Gautier, 1985 ; Gisler, 1965 ; Schmidt, 1994), sur l'abolition en Guadeloupe (Fallope, 1992), en Martinique (Léotin, 1991 ; Pago, 1998), en Guyane (Mam-Lam-Fouck, 1986), à La Réunion (Fuma, 1982, 1992, 1999), sur les deux abolitions (Collectif, 1994 ; Dubois, 1998 ; Haudrère et Vergès, 1998 ; Robo, 1984), sur la Société française pour l'abolition de l'esclavage (Motylewski, 1998), sur les rapports entre l'Église et le système esclavagiste (Delisle, 1997) ; sur l'esclavage comme système économique (Ho, 1998 ; Moulier Boutang, 1998) ; sur le Code Noir (Sala-Molins, 1987) ; sur l'aspect juridique de l'esclavage (Debbasch, 1967). Pour les références complètes, cf. la bibliographie.

de France (actuellement île Maurice). Île à café, puis île à sucre, La Réunion est une société esclavagiste mais c'est aussi et surtout une société à esclaves *(slave society)*. Dans une société à esclaves, l'esclavage est au centre de la production économique et la relation maître-esclave modèle les relations sociales[16]. L'esclavage affecte bien plus lourdement toutes les sphères (de l'économique au symbolique en passant par le vécu) qu'il ne le fait dans une société avec esclaves *(society with slaves)*. Dans la société à esclaves, chacun aspire à devenir propriétaire d'esclaves, car ce statut efface le sceau infamant attaché à l'esclavage, celui de la couleur. Dès l'instant ou les esclaves affranchis possèdent des esclaves et deviennent des *Libres de couleur,* ils ne veulent plus être des *Nègres.* À La Réunion, l'esclavage a déterminé une géographie, une démographie, une économie, une société et une histoire. Pour cette raison, la question de la créolisation s'y pose de manière particulièrement pressante. Il peut être fructueux de comparer La Réunion avec les colonies d'Amérique. Mais cette comparaison ne permet pas de comprendre une histoire marquée par l'isolement géographique et politique, un environnement afro-asiatique, et un accès limité des descendants d'esclaves à des positions décisionnaires tout au long de l'histoire.

RACIALISATION ET DROIT :
ESCLAVAGE ET TRAVAIL

L'un des effets de la traite négrière est d'avoir *racialisé,* d'avoir *africanisé* l'esclavage et le travail. Dès le milieu du XVIIe siècle, les termes de « Nègre » et d'« esclave » sont synonymes en langues anglaise et française. Exclue de l'humanité, la race nègre peut devenir objet de commerce. La traite entraîne une globalisation du monde où l'Afrique noire sert de réservoir de force de travail. Le continent est incorporé dans l'économie-monde en raison de

---

16. Par opposition avec une « société avec esclaves », où le travail des esclaves n'est qu'une forme de travail parmi d'autres.

l'exclusion de l'humanité qui frappe ses habitants[17]. Et ceux-ci sont à jamais voués à ce statut pour certains, même s'ils sont, selon les « progressistes », susceptibles d'accéder à l'humanité[18]. Telle est la thèse esclavagiste : si tous les hommes sont censés naître libres et égaux, certains hommes, étant esclaves, *ne sont peut-être pas des hommes à part entière.* Une relation dynamique lie donc esclavage et race. L'esclavage justifie la hiérarchie des races. La hiérarchie des races apporte à l'esclavage un discours qui le légitime. Ces deux notions confèrent aux termes de maître et d'esclave, de Blanc et de Noir, des définitions issues des sociétés esclavagistes. Quiconque travaille pour autrui est esclave. Être libre, c'est être propriétaire de sa force de travail. La pauvreté du petit métayer ou la misère du vagabond les distinguent toujours de celui qui s'aliène à un patron.

L'esclavage est inscrit dans le droit : par l'*Act to Regulate the Negroes on the Plantations* (1667) dans les colonies anglaises, par le Code Noir dans les colonies françaises (1685), par les *Codigos Negros* (1768) dans les colonies espagnoles. Loin de justifier juridiquement la notion de l'esclavage en tant que telle, ces codes légitiment néanmoins la mise en esclavage des Noirs. « De condamner cet état [...] ce serait non seulement condamner le droit [le droit Romain, *jus gentium*], où la servitude est admise, comme il paraît par toutes les lois, mais ce serait condamner le Saint-Esprit, qui ordonne aux esclaves, par la bouche de Saint-Paul, de demeurer dans leur état, et n'oblige point les maîtres à les affranchir », déclare Bossuet[19].

Plus systématique, plus complet, plus juridique que tout autre code régissant l'esclavage, le Code Noir s'attache à réglementer

---

17. La notion d'économie-monde a été élaborée par Fernand Braudel et reprise par Immanuel Wallerstein. Pour ce dernier, le capitalisme a intégré le monde dans son économie, construisant ainsi une économie globalisée.

18. Olivier LE COUR GRANDMAISON, « Le discours esclavagiste pendant la Révolution », dans *Esclavage, colonisation, libérations nationales*, Paris, L'Harmattan, 1990, pp. 124-132.

19. BOSSUET, *Avertissement aux protestants.* Cité par L. SALA-MOLINS, *Le Code Noir ou le calvaire de Canaan*, Paris, PUF, 1987, p. 65.

tous les aspects de la vie dans une société d'esclaves[20]. Il vise à garantir l'ordre, la subordination, la propriété privée et l'hégémonie de la religion catholique (le premier article interdit aux juifs et aux protestants de résider aux colonies). Selon Yves Debbasch, le Code Noir est conçu dans l'esprit de la législation romaine : il est fondé sur une distinction établie non entre Blancs et Noirs, mais entre individus *nés* libres et individus *non* libres ou *devenus* libres (par le biais de l'affranchissement). Dans le droit romain, *servitus* s'oppose à *liber.* La servitude sanctionne la perte de la liberté. La condition d'esclave est liée à l'absence de droits politiques et à l'avilissement moral[21]. La déchéance de tout individu réduit en esclavage est pire que la mort et la coutume romaine donne au maître droit de vie et de mort sur l'esclave. Cependant, selon des penseurs romains tels que Cicéron, la « cité agit dans l'intérêt de l'esclave qu'elle délivre du mal et fait entrer, bon gré mal gré, dans la sphère de la moralité[22] ». L'idée que l'esclavage serait à la fois une déchéance (l'esclave n'est donc pas tout à fait un homme car un homme est libre) et une condition de salut (l'esclave est sauvé d'un sort plus terrible) est ancrée dans la pensée esclavagiste occidentale. Asservissement et salut dessinent les fondements du statut de l'esclave. On conçoit dès lors avec quelle facilité peut s'opérer le glissement de la liberté garantie par la naissance à la liberté innée. Le Code doit cependant être adapté aux exigences du monde esclavagiste[23]. La ligne de partage ne s'y fait pas seulement entre *nés libres* et *non* libres ou *devenus* libres mais aussi entre Blancs, libres par naissance, et Noirs, esclaves par

---

20. Voir aussi : Robin BLACBURN, *The Making of New World Slavery. From the Baroque to the Modern, 1492-1800,* Londres, Verso, 1997 ; Michèle DUCHET, *Anthropologie et histoire au siècle des Lumières,* Paris, Albin Michel, 1995 (1re éd., 1971).

21. « L'esclavage juridique se rattache à la guerre : il résulte de la défaite et de la lâcheté du vaincu devant la mort. » L'homme libre ne peut souffrir d'être esclave et doit préférer la mort. Le droit est une théorie de l'asservissement pénal du vaincu. Voir Jean-Christian DUMONT, *Servus, Rome et l'esclavage sous la République,* École française de Rome, 1987.

22. DUMONT, *op. cit.,* p. 652.

23. Yves DEBBASCH, *Couleur et liberté. Le jeu du critère ethnique dans un ordre juridique esclavagiste,* Paris, Dalloz, 1967.

nature. Ce glissement sémantique, qui peut-être observé dans toutes les sociétés esclavagistes, est nécessaire à l'établissement et au fonctionnement d'un monde qui doit justifier l'asservissement d'un groupe de population déterminé. L'Angleterre et la France avaient envisagé de déporter aux colonies les pauvres et les vagabonds pour lesquels l'élite n'avait que dédain et mépris. Leur asservissement n'aurait pas posé de question philosophique, mais il posa un problème politique[24]. Ces pauvres et ces vagabonds ne seraient-ils pas voués tôt ou tard à constituer une classe dangereuse, une fois aux colonies ? Leur déportation ne susciterait-elle pas protestations et résistances parmi leurs concitoyens ? Ne priverait-elle pas la Nation de bras nécessaires à son développement ? En outre, au XVIIe siècle, l'évolution des idées interdit de réintroduire l'esclavage en Europe. Il est donc opportun de chercher ailleurs la main-d'œuvre destinée aux colonies. Craignant les résistances et se pliant à l'évolution de la société, la France et l'Angleterre appliquent sur leur territoire national la doctrine du « sol libre » (toute personne arrivant sur le sol métropolitain est libre) et autorisent l'esclavage dans leurs colonies. L'esclavage est associé à un état « naturel » puisqu'en Europe la liberté est, selon les idées qui s'y développent, un droit naturel. Les soixante articles du Code Noir décrivent avec minutie les punitions à infliger aux esclaves, la quantité de nourriture à laquelle ils ont droit, le nombre de vêtements qu'ils doivent recevoir chaque année, leurs moments de repos, ce qu'ils peuvent cultiver dans leur jardin, etc. Le Code définit clairement la position des Libres : ils doivent continuer à se montrer respectueux envers ceux qui les possédaient ainsi qu'envers leurs héritiers. La liberté des non-Blancs ne saurait être assimilée à celle des Blancs. Joan Dayan décrit l'« horreur » des articles du Code Noir en ces termes : « Vous commettez le mal puis vous réparez le mal que vous avez commis : le bourreau devient le sauveur ; contrairement aux apparences, l'acte de bienveillance

---

24. Voir BLACKBURN, *op. cit.* ; Ira BERLIN, *Many Thousands Gone. The First Two Centuries of Slavery in North America*, Cambridge, Harvard University Press, 1998.

perpétue la brutalisation[25]. » Le Code Noir est l'une des premières expressions juridiques du *bio-pouvoir* (selon le terme forgé par Michel Foucault), lequel produit une « animalisation de l'homme[26] », obtenue en l'occurrence par un contrôle disciplinaire extrêmement poussé et des techniques appropriées. Rationnement alimentaire et vestimentaire, statut des enfants, droit de la famille, du mariage, accès aux activités commerciales, jours de repos, heures de travail, tout est soigneusement passé en revue et codifié. Des ordonnances interdisent aux hommes esclaves de porter un chapeau et aux femmes esclaves de porter des bijoux. Les esclaves de différentes plantations n'ont pas le droit de se réunir de jour comme de nuit. Le marronnage est sévèrement puni. Cet état d'exception, dans lequel la vie des esclaves est entièrement quadrillée par un ordre juridico-politique qui, dans le même temps, les en exclut, constitue le fondement du système politique esclavagiste. Les changements de l'ordre juridico-politique en France n'affecteront pas cet état d'exception. Le Code civil adopté en 1805 n'est pas appliqué aux colonies, qui restent jusqu'en 1848 régies par le Code Noir. La Deuxième puis la Troisième République maintiennent les sociétés post-esclavagistes dans cet état d'exception[27]. L'égalité de droit est enfin proclamée en 1946. La colonie esclavagiste puis émancipée aura donc vécu plusieurs siècles en état d'exception. Cependant, cet état diffère de celui imposé dans le reste de l'empire colonial républicain, en cela qu'il établit formellement l'égalité, mais impose en réalité une tutelle (dans l'empire, tout indigène se trouve sous tutelle selon le Code de l'indigénat). Dans l'idéal républicain, seule une tutelle (dont le but est tout de même

---

25. DAYAN, *op. cit.*, p. 206. Selon Joan Dayan, les critiques ont jusque-là ignoré l'inspiration trouvée par le marquis de Sade dans le Code Noir. Elle voit dans le début de l'introduction des *Cent vingt journées de Sodome* un hommage ironique de Sade au règne de Louis XIV qui promulgue le Code Noir, cette période de l'empire qui vit naître tant de mystérieuses fortunes dont les origines sont aussi obscures que le lustre et la débauche qui les ont accompagnées. Dayan pense que Sade s'inspire en partie des punitions décrites par le Code Noir et des récits d'observateurs qu'il a sans doute lus.

26. Michel FOUCAULT, *Dits et écrits*, vol. III, Paris, Gallimard, 1994.

27. Ces colonies sont régies par sénatus-consulte.

l'égalité) peut permettre la lente accession des descendants d'esclaves aux valeurs de la démocratie.

Il faut aussi cependant observer la relation de la métropole aux Blancs des colonies, relation qui s'exprime en partie dans le Code Noir. Très tôt, à travers les textes, se dessine un portrait peu flatteur du Blanc des colonies. Cette vision, qui prend naissance au XVIIIᵉ siècle, perdure encore de nos jours. À l'Europe, la vertu ; à la colonie, le vice. Condorcet, célébré en France pour la libéralité de ses vues, formule sans ambages cette division entre citoyens européens et Blancs des colonies, dans ses *Réflexions sur l'esclavage des Nègres*. En digne penseur du XVIIIᵉ, Condorcet prône une abolition progressive de l'esclavage, dans un souci de préserver l'ordre social dans les colonies. Il estime en effet qu'il serait nuisible d'accorder trop rapidement la liberté aux esclaves : « On ne peut [leur] laisser l'exercice entier de leurs droits sans les exposer à faire du mal à autrui ou à se nuire à eux-mêmes. » Pour autant, le philosophe ne pense pas que les maîtres soient les meilleurs éducateurs, et « la sûreté publique peut, dans un premier moment, avoir à craindre de la fureur de leurs maîtres, offensés à la fois dans deux passions bien fortes, l'avidité et l'orgueil ; car l'homme entouré d'esclaves ne se console point de n'avoir que des inférieurs ». Une doctrine qui associe vertus et liberté ne peut considérer comme libres des hommes qui ont besoin de s'entourer d'inférieurs. Ainsi perdure la pensée romaine selon laquelle la liberté politique suppose une communauté d'hommes moralement libres (animés par la connaissance et l'inspiration au bien). Confrontés à l'existence de l'esclavagisme colonial, les penseurs du XVIIIᵉ siècle jugent les deux groupes qui vivent aux colonies aussi « malades », aussi « imbéciles » (au sens privés de raison) l'un que l'autre : Blancs malades d'orgueil et d'avidité, Noirs « imbéciles » à force de servitude. Ce distinguo entre Blancs de la métropole et Blancs des colonies est essentiel à l'établissement de l'esclavage comme à la doctrine abolitionniste. Le mal est ainsi expulsé aux colonies, l'inhumanité est rejetée hors de la Patrie[28].

---

28. C'est une des différences entre les systèmes esclavagistes britannique et français et le système esclavagiste aux États-Unis.

Aux colonies, la liberté des uns s'appuie sur la privation forcée de la liberté des autres. Les grands planteurs s'approprient l'idée de « liberté aristocratique », qui, comme le précise Michel Foucault, est une liberté qui se traduit par un système de force inégalitaire. En effet, le « premier critère de la liberté [aristocratique] est de pouvoir priver les autres de la liberté[29] ». L'élite blanche coloniale se reconstruit comme une aristocratie, en s'attribuant même parfois de plus nobles origines ; comme telle, elle revendique de bâtir dans les colonies une société que la métropole n'est plus capable de défendre puisqu'elle a opté pour une « liberté abstraite, impuissante et faible[30] ». La métropole éclairée et en passe de s'embourgeoiser laisse se développer des espaces qui lui sont liés économiquement et politiquement, mais qui sont néanmoins assujettis à d'autres principes économiques, politiques et culturels. Ainsi s'explique en partie la méfiance réciproque qui s'établit entre métropole et colonie. La démocratisation de la vie politique en France s'accompagne nécessairement aux colonies de son envers (esclavagiste, aristocratique, antidémocratique), sur lequel elle repose, tout en le rejetant. Les grands planteurs se sentent incompris et floués – non sans raison : car n'accomplissent-ils pas aux colonies le projet colonial de la métropole ? Ils ne comprennent pas qu'en métropole les élites les méprisent précisément pour cela. Leur existence même démontre que la démocratie naissante est fondée sur le déni de ses principes. Aux marges de l'empire prospère un système fondé sur l'injustice, l'inégalité et la privation de liberté. Les grands planteurs bénéficient de l'éloignement de la métropole, or cet éloignement a des conséquences contradictoires. Les débats en faveur de l'extension des libertés atteignent avec peine ces lointains rivages. Les planteurs sont ainsi « protégés » des conflits et des progrès de la démocratisation, mais cette protection se paye d'une marginalisation. Ils influent sur l'orientation de l'économie et de la politique coloniale, mais ne contribuent guère aux débats autour de la Nation, de la Répu-

---

29. Michel FOUCAULT, *Il faut défendre la société*, Paris, Gallimard, 1997, pp. 139-140.
30. *Ibid.*

blique, de l'État, du Peuple, de l'École, débats dont les conclusions affecteront leur vie. Les esclaves vivent aussi cette double ambiguïté : ils restent asservis au moment même où les ouvriers conquièrent des libertés et leur résistance les maintient en marge des luttes pour la démocratie en France. Ainsi se créent à la fois un lien et une coupure entre la métropole et la colonie esclavagiste-coloniale. En vertu de l'interdépendance qui les unit, les événements qui surviennent en métropole et aux colonies se répercutent avec un décalage.

La traite et l'esclavage inscrivent intimement la notion de race dans la trame historique des sociétés qui les ont subis. Il importe donc d'en faire la généalogie. Cependant, ne courons-nous pas le risque de réifier la notion de race ? Ne courons-nous pas le risque de favoriser le renversement de la hiérarchie, ce qui revient à la rétablir ? Selon Kwame Anthony Appiah, la notion de race ne peut jamais fonder un projet culturel et politique[31]. Le renversement de la hiérarchie reproduit de l'identique ; sa déconstruction ne fait qu'en sanctionner la prééminence. Nul n'est déterminé par sa race, car tous appartiennent à l'espèce humaine. En arguant cela, Appiah fait écho à Frantz Fanon et à la génération des leaders nationalistes d'après-guerre, selon lesquels la notion de race est un ferment de division, foncièrement réactionnaire, qui fixe les catégories. Se mobiliser autour de la notion de race, c'est risquer de s'épuiser en combats stériles. Toute analyse doit s'accompagner d'une lecture croisée des facteurs qui déterminent la place du sujet dans la société : classe, race, ethnicité, religion, sexe, culture, imaginaire.

Ainsi, à La Réunion, l'abolition de l'esclavage, puis du statut colonial, opère une reconfiguration raciale des termes de Noir, de Blanc, et des catégories intermédiaires, métis, Indiens, Chinois. Ces nouvelles représentations répondent à de nouvelles demandes, mais elles sont aussi ancrées dans l'esclavagisme. Le point nodal d'identification reste l'esclavage, et donc la couleur de la peau. C'est sur le corps de leurs ancêtres esclaves que s'inscrit, pour

---

31. Kwame Anthony APPIAH, *In My Father's House. Africa in the Philosophy of Culture*, Oxford, Oxford University Press, 1992.

certains, leur identité présente. Le déni du nom, l'effacement des traces, l'exclusion de la communauté humaine en constituent les fondements. Aussi ne peut-on évacuer la question de race en soutenant que le problème est dénué de fondement biologique, ou que cet argument a été utilisé par des idéologies totalitaires. Dans les sociétés esclavagistes, la notion de race, le discours qui en découle et ses représentations ont donné des termes au vocabulaire local, nourri l'imaginaire créole, avec l'émergence de nouvelles conceptions du beau et du bien, et ont conféré une dimension spécifique aux relations sociales.

MÉTISSAGE ET PHÉNOMÈNES DE CRÉOLISATION

Dans toutes les colonies esclavagistes, les relations entre Blancs et Noirs font rapidement l'objet d'une attention sourcilleuse et bientôt d'un interdit dans les textes de loi, dès les débuts de la colonisation. La seule typologie du métissage et le foisonnement des dénominations auquel il a donné lieu révèlent la complexité du phénomène. Comment évaluer la part de sang blanc que peut revendiquer un individu ? Comment la dénommer ? De nombreux termes sont alors inventés : Sacatra, griffe, marabou, sang-mêlé, octavon, quarteron, mulâtre, zambo[32]. Cette toponymie prétend fixer non seulement le génotype et le phénotype d'un individu, mais aussi ses particularités psychologiques, et notamment les tares associées à chaque type.

La société coloniale assigne aux sang-mêlés une place bien définie au sein de la hiérarchie qui la structure. Ni Blancs, ni Noirs, ils se situent dans un entre-deux que la littérature comme les discours médicaux et juridiques transformeront en espace

---

32. La classification de Moreau de Saint-Méry est classique. Voir *Observations d'un habitant des colonies* (1789). À partir de calculs mathématiques assez complexes, Moreau de Saint-Méry présente des catégories qui situent les individus sur une échelle des couleurs. Partant du principe qu'un individu se compose de 128 parties, il conclut par exemple que le mulâtre a entre 49 et 70 parties blanches, le mamelouc entre 113 et 120, et ainsi de suite. Le sang-mêlé est celui qui s'approche le plus du Blanc, mais sans jamais parvenir à avoir les 128 parties nécessaires.

tragique[33]. C'est dans les colonies esclavagistes que l'idéologie de la pureté de sang trouve un terrain où elle peut se développer en toute légitimité[34]. Elle fait des métis de véritables « monstres », des êtres « fourbes », « envieux » et « dissimulés ». Le monde blanc s'effraie de leur capacité de passer pour des Blancs[35]. Si des limites ont été dressés entre Blancs et Noirs, lesquelles doit-on dresser entre Blancs et métis ?

Au cours de l'histoire, la signification du terme de métis évolue. Péjoratif dès le début du XVIᵉ siècle, le terme revêt un caractère moral : « De se tenir chancelant et *mestis* et en une division publique, je ne le trouve ni beau ni honnête », écrit Montaigne. Vers 1640, il désigne les enfants nés des unions entre Européens et non-Européens[36]. Les termes de métis et de métissage prennent dans le monde colonial esclavagiste une nouvelle dimension. Chaque société coloniale se trouve confrontée au problème du métissage. Qu'elles soient espagnoles, portugaises, anglaises, américaines ou françaises, ces sociétés coloniales inventent divers aménagements pour résoudre la situation posée par le phénomène. Dans le monde colonial français, dès 1733, il est interdit, par ordonnance royale, aux sang-mêlés d'exercer toute charge de justice et de police, comme il est interdit d'entretenir des rapports sexuels entre Blancs et Noirs. La racialisation de l'esclavage se trouve confrontée au phénomène du métissage, qui en

---

33. Voir Françoise VERGÈS, *Monsters and Revolutionaries. Colonial Family Romance and Métissage*, Durham, Duke University Press, 1999.

34. Les Espagnols ont été les premiers à faire de la notion de pureté de sang la base d'une politique concertée d'exclusion. Durant l'Inquisition, ils cherchent à « découvrir » la part de « sang juif » chez les convertis.

35. Voir l'importance du thème du *passing* dans la littérature et le cinéma américain.

36. Étymologiquement, « métis » vient du latin *mixticius* qui désigne un tissu fait de deux fibres. Il apparaît dans la langue française au XIIIᵉ siècle pour désigner ce qui est composé à moitié d'une chose et à moitié d'une autre. *Dictionnaire de l'ancienne langue française du XIᵉ au XVᵉ siècle*, Genève, Slatkine, 1982. En 1598, les Français adoptent le terme pour désigner les enfants des Portugais et des femmes indiennes ou les enfants des Européens et des Indiens d'Amérique. Mulâtres et métis sont alors interchangeables. Robert CHAUDENSON, « Mulâtres, Métis, Créoles », dans *Métissages : Littérature, Histoire*, vol. I, Paris, L'Harmattan, 1992, pp. 23-37.

est contemporain. Le métissage se trouve alors lui-même *racialisé*, la blancheur demeurant la valeur suprême. Les Blancs imposent une vision du monde divisée en fonction de la couleur : aux Blancs sont opposés tous les autres, tous les êtres de couleur, tous diversement entachés de « sang noir ». À l'intérieur de la société de couleur, celle des non-Blancs, les goupes adoptent et reproduisent cette hiérarchie : il s'agit de se rapprocher autant que faire se peut du Blanc et de se détacher du Noir. À La Réunion, la fin de l'esclavage ne met pas fin aux préjugés de couleur. Il importe avant tout de ne pas être Noir et, pour ce faire, de se définir comme autre : sinon Blanc du moins *Sinwa* (Chinois), *Malbar* (Indien) ou *Zarab* (musulman).

L'histoire des métis et du métissage colonial est indissociable de celle de la traite et de l'esclavage. Dans la globalisation du monde produite par la traite des Noirs, les ports constituent les premiers espaces de métissage, de créolisation et de contacts entre les cultures[37]. Des langues créoles deviennent les *lingua franca* de l'Atlantique, de l'océan Indien et des zones d'esclavage. Dans les ports, les communautés créolisées jouent le rôle d'intermédiaires, de passeurs entre cultures. Les métis utilisent leurs connaissances de deux mondes (européen et africain ou européen et asiatique) pour légitimer leur statut. Ils sont interprètes, marins, guides, commerçants. Ce statut, qu'ils revendiquent, les place dans un entre-deux et suscite méfiance et suspicion chez les Blancs comme chez les Noirs. De part et d'autre de la lisière où les métis se trouvent et se tiennent, pour les Blancs comme pour les Noirs, ils représentent un Autre absolu et troublant – absolu, puisque ni l'un ni l'autre ; troublant, puisque chacun ne peut voir en eux son Autre simple mais toujours un Autre même. Dans quelle mesure est-il possible de se fier à eux ? Qui peut dire à quelle part d'eux-mêmes obéira leur conduite : la part blanche ou la part non blanche ? Sont-ils les chiens de garde des Blancs, leurs serviteurs ? Sont-ils les frères de lutte des non-Blancs ? La littérature prête au

---

37. Édouard GLISSANT, *Introduction à une poétique du divers*, Paris, Gallimard, 1996.

métis un rôle où ambiguïté, ambivalence et équivoque dressent le portrait d'un être en qui le partage impossible du sang est source de ruse malveillante, de désirs pervers et de folie meurtrière. Opposé à la figure du Noir romantique, le métis est un être d'abjection[38]. Les théories raciales du début du XXe siècle renforcent la « noirceur » de cette vision[39]. C'est autour du thème de la pureté de sang que se restructure le monde. Dans les années 1930, des colonisés opposent le métissage à l'idéologie de la pureté de sang[40], et le métissage devient discours de résistance au discours de la pureté de la race. Le discours articulé autour du métissage perd ensuite de son importance, une fois supplanté par celui de la négritude, du panafricanisme et des identités nationales décolonisées. Depuis les années 1980, ce discours resurgit auréolé d'une nouvelle gloire, chargé d'une dimension extrêmement positive. Investi d'un capital symbolique, d'une valeur ajoutée, repris et galvaudé par le vocabulaire publicitaire où il devient *tendance*, il renforce la valeur commerciale des personnes et des objets. L'art, la cuisine, la décoration, l'architecture, la musique se doivent d'être métissés. Quant aux individus, mieux vaut qu'ils soient descendants de parents et de grands-parents venus des quatre coins du monde que d'un petit village de nos provinces pour se rapprocher des valeurs du monde globalisé. Flexibilité, brassages, mélanges, rencontres, hybridations, syncrétismes, frontières en voie d'effacement constitueraient les référents d'un monde de tolérance et d'échange. Métis et métissage sont devenus les signes d'une position post-moderne, qui ne craint pas les mélanges, les échanges, qui y trouve matière à créer et des raisons de rejeter le repli sur le passé et le terroir. La geste post-moderne du métissage

---

38. Léon-François HOFFMANN, *Le Nègre romantique*, Paris, Payot, 1973.

39. Voir Léon POLIAKOV, *Le Mythe aryen*, Bruxelles, Éditions Complexe, 1987 ; Pierre-André TAGUIEFF, « Doctrines de la race et hantise du métissage », *Nouvelle Revue d'ethnopsychiatrie*, 17, 1991, pp. 53-100 ; VERGÈS, *op. cit.*, 1999.

40. Voir VERGÈS, 1999. Et aussi Hans-Jürgen LÜSEBRINK, « Métissage : contours et enjeux d'un concept carrefour dans l'aire francophone », *Études littéraires : Analyses et Débats*, 25, 3 (1992-1993), pp. 93-106 ; *Métissages, op. cit.* ; Léon POLIAKOV (éd.), *Le Couple interdit. Entretiens sur le racisme. La dialectique de l'altérité socio-culturelle et la sexualité*, Paris, Mouton, 1980.

oppose le mélange à la pureté, le nomadisme à l'enracinement. Toutes choses extrêmement séduisantes. En se positionnant du côté de la « jeunesse », de la vie, des fusions, cette revendication fait la part belle à la satisfaction narcissique. Qu'opposer à cette valeur fétiche sans risquer de se faire taxer de passéisme, de rigidité, d'immobilisme ?

Cependant, depuis plusieurs années, les critiques post-coloniaux réexaminent les termes de métissage et de métis qu'ils jugent contaminés par le biologisme colonial et la commercialisation de la société du spectacle. Dans les Caraïbes espagnoles, la notion de métissage, fortement opérante, est critiquée par des féministes, car entachée de machisme et suspecte de dénier l'existence et l'importance de la femme noire[41]. Derrière l'idéalisation du *Mestizaje* transparaît une vision éminemment masculine où le viol perpétré par l'homme blanc sur la femme noire est passé sous silence pour ne laisser subsister que le fruit du métissage, base d'un lien fraternel entre les hommes et les races, méconnu et rejeté par la société coloniale, reconnu et revendiqué par la société post-coloniale. La célébration du métissage nécessite l'effacement du viol comme geste fondateur et fait de la *mulata*, de la *mestiza* la figure érotisée d'un monde construit par des hommes. Au terme de métissage est désormais opposé et préféré celui de créolisation, qui définirait un processus socioculturel continûment retravaillé par l'histoire[42]. La créolisation constitue l'une des stratégies de résistance à l'apartheid esclavagiste. Dans les interstices d'un monde qui se voulait rigidement coupé en deux, les phénomènes de créolisation engendreraient le monde à venir. Femmes et hommes auraient déjoué les injonctions de l'ordre esclavagiste-colonial. Aujourd'hui, la créolisation serait toujours une stratégie de résis-

---

41. Sur le métissage, voir Roberto Fernandez RETAMAR, *Caliban and Other Essays*, traduit par Edward Baker, Minneapolis, University of Minnesota Press, 1981. Pour une critique féministe : Vera M. KUTZINSKI, *Sugar's Secrets : Race and the Erotics of Cuban Nationalism*, Charlottesville, University Press of Virginia, 1993.

42. Un des premiers critiques post-coloniaux à théoriser la notion de créolisation fut Edward Kamau BRATHWAITE, dans *The Development of Creole Society in Jamaica 1770-1820*, Oxford, Clarendon Press, 1971.

tance. Pour Édouard Glissant, elle est le « métissage avec une valeur ajoutée qui est l'imprévisibilité[43] ». Les effets du métissage peuvent être calculés, ceux de la créolisation échapperaient à toute volonté de maîtrise. Identité rhizome, diversité, pensée de la trace caractérisent la créolisation, dont la plantation est la matrice. Selon Glissant, le monde entier est en passe de se « créoliser ». La distinction métissage-créolisation cherche à séparer un phénomène qui relèverait du biologique d'un phénomène qui relèverait du culturel, d'une « poétique du divers[44] ». Elle cherche à s'éloigner de la *mathématique raciale*, selon l'expression de Michèle Duchet, en fonction de laquelle était structuré le monde esclavagiste. D'un côté, un phénomène biologique, le métissage, hier redouté et honni par le monde européen, aujourd'hui exalté par le même monde. De l'autre, un processus de résistance, la créolisation, dont les effets dans les champs culturels, linguistiques et sociaux sont sans cesse retravaillés, reformulés. L'effort des critiques post-coloniaux se porte donc sur le choix du terme qui désignerait un phénomène lié au monde esclavagiste et colonial : la constitution d'un entre-deux. Reconnaître cet entre-deux, avec les stratégies, les effets, les influences qui s'y rattachent, c'est remettre en question le manichéisme qui a marqué le discours colonial comme le discours anti-colonialiste. Selon Homi Bhabha, le monde esclavagiste et colonial n'aurait pas été simplement divisé en deux, mais aussi travaillé par des expériences limites, par le ferment d'une hybridité[45]. Il semble cependant qu'il faut étudier les phénomènes du métissage et de la créolisation dans leur relation historique, dans le rapport conflictuel et complice qu'ils ont pu entretenir avec l'ordre esclavagiste. Tout en reconnaissant la pertinence de ces distinctions, reste à éviter deux écueils : le premier serait de transformer ces processus de métissage ou de créolisation en vision du monde et de l'histoire apaisante et rédemptrice ; le second serait d'accorder une valeur *essentialiste* aux phénomènes interculturels.

---

43. GLISSANT, *op. cit.*, 1996, p. 19.
44. Selon l'expression de Glissant, *op. cit.*
45. Homi BHABHA, *The Location of Culture*, New York, Routledge, 1994.

Certes, ces phénomènes ont représenté, et représentent, des formes de résistance à l'hégémonie et au nivellement culturels, des sources de vitalité et de créativité. Une attitude plus sceptique et plus réaliste ne consisterait-elle pas à les resituer au sein de la multiplicité des phénomènes qui fondent la société ? Même à l'heure des entreprises de purification ethnique, l'injonction morale et sentimentale au libre métissage ne saurait constituer une solution politique à l'éclatement des sociétés.

LITTÉRATURE ET DROIT ABOLITIONNISTE

La condamnation de la traite et de l'esclavage n'aura émergé que lentement en Europe. Alors que la traite a commencé au XVI⁰ siècle, ce n'est que vers la fin du XVIII⁰ que des voix s'élèvent pour dénoncer le trafic, la déportation et la mise en esclavage d'êtres humains. Philosophes, hommes d'Église, romanciers et poètes vont soit justifier ce commerce, soit le condamner[46]. Pour celles et ceux qui le condamnent, l'esclavage représente la forme extrême de la tyrannie, une insulte à l'un des droits les plus précieux : la propriété sur son corps. Mais c'est par la voix de la littérature que l'abolitionnisme va propager ses idées auprès du plus grand nombre. Au XVIII⁰ siècle, la littérature abolitionniste française obéit aux règles de la littérature sentimentale. Nouvelles, romans, pièces de théâtre rencontrent un vif succès auprès du public. Ce type de production devient plus colonial que sentimental au milieu du XIX⁰ siècle et connaît moins de succès. En revanche, entre la fin du XIX⁰ et le début du XX⁰ siècle, elle retrouve un public qui lit avec délectation les récits d'esclaves arrachés aux Arabes par les missionnaires européens. La littérature du XVIII⁰ mise sur l'identification au corps supplicié de l'homme esclave, à la douleur de la mère esclave. Grâce à ces procédés classiques, le récit abolitionniste cherche à produire chez le lecteur horreur et

---

46. Sur les positions des philosophes, voir : Emmanuel CHUKWUDI EZE (éd.), *Race and the Enlightenment. A Reader*, Cambridge, Blackwell, 1997 ; SALA-MOLINS, *op. cit.* ; DUCHET, *op. cit.*

pitié, fascination et dégoût. Il vise à conforter le lecteur dans sa conviction d'appartenir au monde civilisé. Seuls des instincts barbares, des sentiments dégénérés peuvent justifier la cruauté du monde esclavagiste. Les femmes blanches des colonies sont décrites avec horreur : dépravées, paresseuses, ces femmes insultent la féminité européenne qui exalte la sensibilité et la douceur. Les Blanches des colonies « continuent matin et soir de sucrer leur thé, et le thé de leurs familles et visiteurs, avec le sang de leurs semblables[47] ». Mortellement jalouses des femmes noires et métisses, elles les persécutent avec « la plus grande cruauté et la plus grande barbarie[48] ». Si, dans cette littérature, la figure de l'esclave est un être sentimentalisé, et finalement infantilisé, les maîtres, femmes et hommes, sont le plus souvent des êtres abjects. Ils insultent une Europe qui s'oppose à la tyrannie au nom d'idéaux de douceur, d'amour et autres bons sentiments. Le féminisme européen condamne les Blanches des colonies pour mieux vanter les vertus des femmes européennes. Le récit esclavagiste est de l'ordre du récit gothique : tortures, enfermement, folie. Il offre les délices de la littérature gothique, tout en intégrant au monde des civilisés son lecteur, lequel comprend qu'il est de son devoir d'Européen éclairé et humaniste de rejoindre les forces abolitionnistes. Au XIXᵉ siècle, la littérature abolitionniste antérieure au décret puise son inspiration dans les révoltes d'esclaves pour affirmer encore plus fermement qu'au XVIIIᵉ la nécessité de coloniser l'Afrique et d'abolir l'esclavage afin de maintenir les colonies. Il y a alors en France peu de « racialistes romantiques[49] » pour croire que les Noirs sont naturellement inférieurs aux Blancs dans les domaines du social et du politique, mais supérieurs aux Blancs

---

47. Benjamin FLOWER, *The French Constitution*, Londres, G. G. J. & J. Robinson, 1792, pp. 452-453. Cité par Coleman DEIRDRE, « Conspicuous Consumption : White Abolitionism and English Women's Protest Writing in the 1790s », *ELH* 61, 2, 1994, pp. 341-362.

48. Voir : *An Abstract of the Evidence delivered before a Select Committee of the House of Commons in the years 1790 and 1791 ; on the part of the Petitioners for the Abolition of the Slave-Trade*, Londres, James Phillips, 1791, p. 72.

49. Expression forgée par Georges Fredrickson.

dans le domaine de l'affection et des vertus naturelles associées au christianisme. Ce racialisme romantique est présent dans la littérature abolitionniste française d'inspiration chrétienne qui accompagne la conquête impériale. Cette littérature met littéralement en scène les souffrances des esclaves, la dégradation des maîtres et le rôle de l'abolitionniste comme sauveur. L'abolitionnisme apparaît bien ainsi comme une politique des sentiments, une utopie coloniale et une cause humanitaire.

Cette introduction soulève un certain nombre de questions tournant autour de l'esclavagisme et l'abolitionnisme : la racialisation de l'esclavage et des sociétés créoles ; le lien entre abolitionnisme et conquête coloniale, entre abolitionnisme et pensée de l'humanitaire ; les politiques de réparation. De toutes ces questions, cette étude tente d'offrir une approche critique. Les voix et les actes mêmes des esclaves mériteraient à eux seuls une étude approfondie ; mais, auparavant, il m'a semblé nécessaire de revenir aux écrits de ceux qui ont formulé la geste de l'abolition et de leur redonner toute l'importance qu'ils eurent dans l'élaboration d'une doctrine qui affecta, et affecte encore, la métropole et les colonies esclavagistes. C'est pourquoi, après avoir considéré la jurisprudence mise en place par le mouvement abolitionniste, je me suis attachée à présenter la doctrine abolitionniste française à travers sa littérature, son discours, sa vision de la colonie, qui ont conduit à l'adoption du décret du 27 avril 1848. J'ai ensuite analysé la période post-abolitionniste, en me concentrant sur le cas de l'île de La Réunion, avant de considérer les effets et les séquelles de cette histoire sensibles dans la société réunionnaise contemporaine.

2.

Émergence d'un droit humanitaire

> «… ce qui faisait frissonner, c'était bien la pensée de leur humanité – pareille à la nôtre –, la pensée de notre parenté lointaine avec ce tumulte sauvage et passionné. Hideux[1]. »

L'abolitionnisme donne aux visées de la conquête coloniale une justification morale – qu'il s'agisse d'aller sauver des populations asservies par une monarchie féodale et esclavagiste (comme à Madagascar), soumises au despotisme oriental (comme en Algérie), ou abandonnées à la barbarie (comme en Afrique). Une fois confirmé dans ses fonctions par les élections, le même gouvernement provisoire de la République qui décrète l'abolition de l'esclavage dans les colonies françaises le 27 avril 1848 proclame que l'Algérie est désormais constitutionnellement partie intégrante de la France. Entre 1842 et 1848, l'Institut de l'Afrique, où siègent des abolitionnistes, prône à la fois, et contradictoirement, la colonisation du continent ainsi que l'abolition de l'esclavage et de la traite, abolition censée favoriser la régénération du peuple africain. En mai 1846, Victor Schœlcher en personne propose à la Société française pour l'abolition de l'esclavage, dont il est l'un des fondateurs, de lancer une pétition en faveur de la libération des esclaves en Algérie, alors même que la France a entrepris la conquête coloniale de ce pays. Le musulman devient la figure même du barbare, volontiers opposé à l'Européen civilisé – et

---

1. Joseph CONRAD, *Au cœur des ténèbres*, traduit par J.-J. Mayoux, Paris, Flammarion, 1989, p. 136.

donc abolitionniste[2]. Certes, les abolitionnistes ne peuvent prévoir
que l'abolition de l'esclavage sera suivie de nouveaux déchaîne-
ments de violence contre les peuples non européens. En Afrique
et en Asie, des millions d'individus vont mourir, soumis à la politique de la canonnière et du travail forcé. Déplacement de populations civiles, politique de « pacification », introduction du travail
forcé, déni des droits civils : c'est en ces termes que s'articule la
« mission civilisatrice » dont se prévaut alors l'Europe. S'il ne
détermine pas à proprement parler la conquête, l'abolitionnisme
lui apporte bel et bien l'une de ses justifications. En abordant les
relations entre peuples comme des rapports d'ordre moral, en
cultivant l'illusion que la colonisation peut s'effectuer de façon
pacifique, les abolitionnistes finissent insensiblement par adhérer
à une politique de conquête coloniale et par la soutenir, en dernier
ressort.

L'abolitionniste européen fait appel aux bons sentiments.
Cependant, ses effets ne restent pas limités aux sphères littéraire et
politique. Les abolitionnistes militent également sur le front du
droit – en faveur d'une jurisprudence qui se fonderait sur le caractère sacré de la personne humaine, le droit naturel à la liberté et
l'inviolabilité des droits de l'homme. L'abolitionnisme introduit
ainsi dans le droit international la notion de violation des droits
de l'homme et participe à l'élaboration d'un droit « humanitaire »,
à travers l'adoption de lois nationales et internationales tendant à
éradiquer la traite et l'esclavage. C'est Lamartine qui, le premier,
introduit dans la langue française le terme d'humanitaire, au sens
de bienveillance envers l'humanité considérée comme un tout.
C'est en effet au nom des « principes d'humanité et de morale
universelle » que s'érige une législation pénale dont la première
expression est contenue dans la Déclaration du congrès de

---

2. Voir Francis ARZALIER, « Les mutations de l'idéologie coloniale en France avant
1848 : de l'esclavagisme à l'abolitionnisme », dans *Les Abolitions de l'esclavage de L. F.
Sonthonoax à V. Schoelcher*, Paris, Presses universitaires de Vincennes / Éditions
UNESCO, 1995, pp. 301-308 ; Robin BLACKBURN, *The Overthrow of Colonial Slavery,
1776-1848*, Londres, Verso, 1988.

Vienne[3]. En affirmant que l'esclavage est humainement et moralement injustifiable, la doctrine abolitionniste justifie l'intervention des États et des organisations anti-esclavagistes à l'intérieur des territoires nationaux ou hors de ceux-ci. Pour les abolitionnistes, l'argument économique ou politique et le principe de souveraineté *doivent s'effacer* devant l'argument moral, qui transcende l'intérêt de la nation. Il y a une loi supérieure aux lois des États, une loi supranationale, celle qui devrait régir l'humanité dans son ensemble. La condamnation de l'esclavage prend dès lors valeur de *loi universelle*. Cette universalité, qui condamne l'asservissement d'un être par un autre, repose sur la conception européenne de la liberté, de la personne et de la propriété privée. Le droit abolitionniste ne cherche cependant à intégrer ni les Africains, ni les Libres, ni les esclaves dans cette élaboration d'un droit prétendument international et universel.

La condamnation de l'esclavage se traduit donc en termes juridiques. Qui punir cependant ? qui juger ? comment définir le crime ? En s'appuyant sur des lois existantes, les juristes conçoivent l'esclavage comme un crime qui appartient à la fois au droit pénal, où le sujet est l'individu, et au droit international, où le sujet est l'État souverain[4]. Crime de droit pénal, car l'esclavage porte atteinte aux droits de l'individu en le privant de sa liberté. L'esclavagiste, qui viole les droits imprescriptibles de l'individu qu'il asservit, se rend coupable d'un crime. Crime de droit international, car l'État qui permet l'esclavage sur son sol viole la loi des nations civilisées, la loi universelle des droits de l'homme. Le crime commis par l'esclavagiste appartient ainsi à une catégorie frontière relevant de deux conceptions du droit. L'inscription du crime d'esclavage dans le droit contribue à ouvrir la voie à une

---

3. Voir le texte intégral de la Déclaration dans MERTENS, *Recueil des traités*. Repris dans Philippe HAUDRÈRE et Françoise VERGÈS, *De l'esclave au citoyen*, Paris, Gallimard, 1998, pp. 98-99.

4. Je m'inspire ici de l'intervention d'Antoine Garapon intitulée : « Crime contre l'humanité, Tribunal pénal international, Justice universelle », au Colloque « Intervenir. Le passage des Balkans », Paris, 9-10 décembre 1999. La piraterie, le terrorisme et les crimes de guerre ont aussi appartenu, avant l'apparition de la notion de crime contre l'humanité, à cette catégorie « frontière ».

jurisprudence de l'intervention, militaire ou politique, dans un État souverain au nom de la morale humanitaire. Sous la pression de l'abolitionnisme s'imposent une jurisprudence et une éthique dont les valeurs sont déclarées universelles. Cet universalisme sert à justifier, lors de la conquête impériale, le rôle des abolitionnistes. Ils s'emparent de la question de la traite intra-africaine et font pression sur les puissances « civilisées » afin qu'elles unissent leurs efforts pour mettre fin à un commerce « odieux et condamné par les lois de la religion et de la nature ».

L'Angleterre est le premier État à élaborer un droit abolitionniste qui mettrait les États signataires de ses conventions dans l'*obligation* de mettre fin à la traite et l'esclavage. Il s'agit d'instituer une règle et de créer une *contrainte* morale, auxquelles souscriraient les nations « civilisées », même si cette obligation morale va à l'encontre de leurs intérêts nationaux et commerciaux. Quelle peut-être son fondement ? Pour les Anglais, c'est la notion de *civilisation*, que toutes les nations doivent naturellement respecter, qui cimenterait le sentiment d'obligation. Aucune nation civilisée ne peut accepter l'esclavage ; l'Europe, centre de la civilisation, doit donc montrer l'exemple et imposer à tous les peuples du monde cette loi universelle et humanitaire. La volonté de se soumettre à cette loi est le signe même du degré de civilisation auquel une nation est parvenue.

La lutte pour l'abolition de la traite des Noirs donne aussi naissance à une jurisprudence qui se situe à la frontière du droit interne et du droit international. Il s'agit d'une des premières formulations de ce que l'on nomme aujourd'hui « droit d'ingérence », que l'abolitionnisme va ériger en principe. Les questions qui se posent dès lors appellent une nouvelle conception de la souveraineté. Au nom de qui, et de quoi, inculper et juger les négriers, la plupart du temps citoyens de nations européennes ? Les conventions signées entre États doivent obligatoirement s'accompagner de sanctions. En effet, quelle loi imposer sans police, sans juges et sans tribunaux[5]. Sous la pression des associations

---

5. Hobbes : *Covenants without Swords Are but Words* (« Les conventions ne sont que lettre morte faute d'être appuyées par la force des armes »).

abolitionnistes et dans le but d'affirmer sa supériorité militaire et morale, l'Angleterre va progressivement imposer une doctrine d'intervention réciproque. Il faut mettre en place les moyens de *prévenir* et de *punir* le crime. Pour justifier l'intervention abolitionniste sur les mers, les juristes recourent au droit maritime, fondement du droit des relations internationales. Jusqu'alors, le droit maritime régissait la circulation des navires et des marchandises. Il existe bien un droit d'enquête, ou droit de pavillon, qui permet de vérifier l'identité d'un navire afin de s'assurer qu'il n'est pas un navire pirate, mais ce droit ne permet pas de fouiller le bâtiment. Comment légitimer la fouille d'un navire appartenant à une nation souveraine ? Cet acte ne constituerait-il pas une violation de la souveraineté nationale ? Les juristes anglais ont alors l'idée d'infléchir l'interprétation d'un des articles du droit maritime. Le droit de visite, défini au XIVe siècle, reconnaît à un navire le droit de vérifier les marchandises d'un navire de commerce soupçonné, en temps de guerre, de transporter des armes. L'innovation consiste à adapter cette règle en temps de paix, en prétextant que les puissances civilisées sont en guerre contre les négriers – battant en brèche les principes de la civilisation européenne, ils mènent effectivement une forme de guerre. Tout navire battant pavillon d'un État signataire d'une convention abolitionniste sera donc en droit de traiter en ennemi l'équipage d'un navire, battant n'importe quel pavillon, si celui-ci peut être soupçonné de se livrer à la traite des Noirs. Le droit abolitionniste invoque la notion de *guerre juste*, au motif de la défense du patrimoine, fût-ce à titre préventif. Selon cette théorie, les violateurs de ce droit (de défense de l'individu et de son patrimoine) peuvent êtres châtiés[6]. La traite et l'esclavage violant ces principes de défense, c'est donc une guerre juste, qui justifie le recours à une loi supranationale, que mènent les abolitionnistes. Comme l'a montré Serge Daget, le droit abolitionniste met donc en cause deux aspects incontestables de la souveraineté : l'inviolabilité d'un navire et l'indépendance du

---

6. Monique CHEMILLIER-GENDREAU, *Humanité et souverainetés. Essai sur la fonction du droit international*, Paris, La Découverte, 1995.

pavillon représentant le territoire national dans le droit maritime[7]. Mais ces aspects sont adroitement contournés par l'Angleterre qui transforme en loi supranationale l'obligation pour les États de se soumettre au droit de visite.

TRAITE DES NOIRS :
RAISON D'ÉTAT ET RAISON HUMANITAIRE

L'abolitionnisme militant et l'abolitionnisme d'État ont besoin l'un de l'autre mais leurs relations sont entachées de méfiance et de tension. N'est-ce pas l'État qui a organisé et encouragé la traite ? n'est-ce pas l'État qui freine l'adoption de lois répressives ? n'est-ce pas l'État qui ne met pas en place les mesures propres à assurer la répression – tribunal, police, magistrats ? De leur côté, les gouvernements s'irritent de l'impatience des abolitionnistes. La mise en place de nouvelles lois, de nouvelles juridictions, de nouvelles règles et leur application réclament du temps. Selon les gouvernants, les abolitionnistes, qui ne savent pas ce que c'est que d'administrer, de légiférer, sont aveuglés par leur idéalisme. Ils n'ont aucun sens pratique. Cette tension entre abolitionnisme militant et abolitionnisme d'État préfigure les tensions entre cause humanitaire et raison d'État.

L'action des abolitionnistes militants ébranle les frontières traditionnelles du droit, car ceux-ci visent à établir un espace de droit international où le crime de mise en esclavage serait partout et toujours passible de poursuites. Mais au nom de quelle loi juger le sujet d'un État souverain qui n'enfreint pas la loi de son pays ? Le capitaine d'un navire négrier sous pavillon français qui n'enfreint pas la loi française peut-il être jugé et condamné par la loi anglaise ? De plus, ne peut-on déceler chez les Anglais la part d'hypocrisie, de cynisme propre à toute grande puissance impérialiste ? C'est l'avis de nombreux Français, même parmi les abolition-

---

7. Serge DAGET, *La Répression de la traite des Noirs au XIXᵉ siècle. L'action des croisières françaises sur les côtes occidentales de l'Afrique (1817-1850)*, Paris, Karthala, 1997.

nistes. Si l'Angleterre s'érige en gendarme des mers, après avoir été la plus grande puissance négrière, n'est-ce pas pour conserver sa maîtrise des mers ? ne cherche-t-elle pas à affaiblir la France ? ne met-elle pas en place un abolitionnisme impérial, et le discours prêchant le bien ne dissimule-t-il pas un désir de toute-puissance ?

Pour les opposants à la traite, tarir la source de l'esclavage aurait deux effets : transformer les relations commerciales avec l'Afrique, pousser les maîtres à améliorer les conditions de vie et de travail des esclaves. Cependant, tous les États européens sont impliqués dans la traite négrière. Comment les amener à renoncer à ce commerce lucratif, sinon en établissant une juridiction répressive à laquelle ils acceptent de se soumettre ? La circulation des navires est régie par le droit maritime. Les rois, les chefs, les marchands d'esclaves africains fournissent la marchandise. Les puissances européennes (puis les États-Unis) s'appuient sur la doctrine, définie par Grotius, du *Mare Liberum* (1609) qui assure la liberté de circulation sur les mers pour aménager la circulation des navires négriers.

C'est d'abord en Angleterre que des mesures sont prises afin de mettre progressivement en place un code réprimant la traite et des lois protégeant les esclaves. En 1773, une loi déclare libre toute personne entrant sur le sol national anglais. Vingt ans plus tard, les révolutionnaires français adoptent une loi similaire. En 1807, l'Angleterre interdit à tout navire et à tout capitaine anglais de se livrer à la traite. L'État instaure des amendes et des châtiments contre les capitaines transgressant cet interdit. Cherchant à créer une alliance internationale en faveur de l'abolition de la traite, l'Angleterre se heurte à la résistance des puissances européennes et des États-Unis qui craignent de perdre leur souveraineté en favorisant l'hégémonie de la Royal Navy sur les mers. Des traités bilatéraux sont cependant signés entre l'Angleterre et ces puissances, ainsi qu'avec des souverains africains. En 1811, l'Angleterre crée le British West Africa Squadron, affichant sa volonté de faire la police sur les mers, quoique cette escadre soit dotée de très faibles moyens. Celle-ci est chargée de poursuivre et d'arrêter les navires négriers naviguant sur la côte ouest de l'Afrique. Un tribunal est établi à Freetown en Sierra Leone où tout navire négrier saisi est

conduit avec sa cargaison. Si le capitaine est condamné, son bâtiment est confisqué et vendu, et les esclaves libérés pris en charge
par le gouvernement pendant un an. Les Anglais offrent aussi aux
esclaves libérés la possibilité de travailler comme engagés dans
leurs colonies des Antilles : c'est là le moyen d'obtenir une main-
d'œuvre bon marché, sans contrevenir ouvertement aux lois abolitionnistes. Le congrès de Vienne (1815) entérine la volonté des
États participants d'abolir la traite. Cependant la traite continue ;
rares sont les procès et bien faible la volonté des États de réprimer
la traite[8]. Cette forme « molle » de la répression met en lumière les
contradictions des États qui, tout en poursuivant la traite négrière,
cherchent à y mettre un terme. Les puissances européennes
veulent respecter le droit qu'elles élaborent, tout en trouvant des
solutions qui garantissent l'ordre colonial. La France se méfie des
motivations de l'Angleterre, soupçonnée de vouloir imposer non
seulement sa suprématie maritime, mais aussi sa conception du
droit. Ces soupçons ne sont pas dénués de fondement, tout
comme l'ironie de nombreux hommes politiques français envers
une nation qui, après avoir été l'une des grandes puissances
négrières, se rachète une innocence tardive, sur le dos de ses
rivales. Cependant, le droit abolitionniste permet aussi aux
victimes de l'esclavage de se retourner contre leurs bourreaux. Les
cas sont, certes, extrêmement rares au regard du nombre des violations. Ils ne constituent pas moins la preuve que le droit abolitionniste offre des moyens d'action nouveaux aux asservis dont les
plaintes avaient été ignorées jusqu'alors. En 1830, la France et
l'Angleterre signent un traité avec droit de visite réciproque. De
nouveaux traités bilatéraux sont signés, de nouveaux tribunaux
mis en place, de nouvelles sanctions formulées. L'abolition de l'esclavage dans les colonies anglaises (1833), puis françaises (1848),
et ensuite aux États-Unis (1863), met progressivement fin à la
traite en rendant le commerce négrier sur la côte ouest de

---

8. On peut cependant signaler le procès du navire négrier français *La Vigilante*, en
1823. Dans son jugement, le tribunal réclame « une législation pénale contre la traite ».
Voir Ph. HAUDRÈRE et Fr. VERGÈS, *De l'esclave au citoyen, op. cit.*, pp. 99-103.

l'Afrique de moins en moins rentable. Pourtant, la traite continue. Il existe, notamment dans l'océan Indien, des zones échappant au droit, où la répression reste très faible, pour ne pas dire nulle. Mais la traite des esclaves s'efface progressivement devant celle des travailleurs engagés. Ce n'est plus l'esclavage, mais le travail forcé et les travailleurs engagés qui fournissent la main-d'œuvre aux colonies.

Le droit abolitionniste et l'empire colonial

Dans les empires coloniaux, une tradition se réinvente, celle d'une relation paternaliste au reste du monde, inspirée de la doctrine de l'Empire romain. Cette doctrine, qui s'impose par la force, n'en déplaisent à ceux qui préfèrent l'ignorer, délimite un espace ouvert à tous ceux qui veulent bien se soumettre, mais où ceux qui résistent se trouvent diabolisés à outrance. Le colonialisme européen dessine de nouveaux territoires sur lesquels la soumission complète est condition de l'inclusion et l'exclusion par la force, la sanction de l'insoumission. Le paternalisme colonial, qui repose sur la violence et le mépris, utilise certains des arguments paternalistes de l'abolitionnisme européen. Ce dernier devient, parfois malgré lui, complice d'actes qui constituent pourtant autant de violations à ses principes égalitaires et humanitaires.

En 1852, Napoléon III autorise par décret, sur les côtes africaines, le rachat d'esclaves qui se voient offrir un contrat d'« engagement libre ». Les Comores, Zanzibar et Madagascar, anciennes plaques tournantes de la traite dans l'océan Indien – qui fut toujours moins surveillé que l'océan Atlantique –, favorisent un nouveau trafic : des esclaves capturés en Afrique y sont vendus comme « engagés libres » et envoyés aux Amériques ou dans les colonies de l'océan Indien. Ainsi sont détournées les lois abolitionnistes et se trouve justifiée une nouvelle traite, au nom même des principes abolitionnistes. En 1871, l'Europe considère que la répression contre la traite négrière a porté ses fruits. Le tribunal de Freetown est fermé. Les États européens s'attachent désormais à combattre l'esclavage en Afrique. Le continent africain avait longtemps été cette *terra nullius*, cette terre vierge, vide, « sans histoire et sans civilisation », à laquelle les Européens arrachaient les esclaves à un sort barbare afin de les introduire à la civilisation. Il demeure une *terra nullius*, mais il faut désormais la pénétrer et la conquérir afin d'y apporter la civilisation. Un empire colonial se construit, où le combat contre la barbarie et en faveur de la civilisation joue un rôle essentiel.

L'abolitionnisme avait décrété une loi universelle à laquelle il voulait soumettre l'humanité : nul ne peut s'approprier un autre être. Quels arguments opposer à cette loi ? Elle est, par essence, supérieure à toute autre loi. Forts de cette supériorité, les abolitionnistes se découvrent missionnaires ou soldats, et engagent la lutte contre la traite intra-africaine. Les musulmans sont alors la cible des abolitionnistes, car ils contrôlent la traite en Afrique de l'Est. Dans la seconde moitié du XIXᵉ siècle, l'Europe s'indigne contre les esclavagistes « arabes » et la presse se fait l'écho de la « barbarie musulmane ». Récits et témoignages jouent sur la gamme des émotions qui avaient déjà mobilisé l'opinion abolitionniste : séparation des familles, enfants arrachés à leur mère, destruction de villages, marches forcées. L'Africain est une victime innocente que l'Européen doit protéger. Les grands explorateurs, dont les exploits tiennent en haleine les publics européens, prêtent leur voix à la dénonciation de ces crimes.

À la fin du siècle, l'Église catholique entre en scène pour mettre sa puissance et ses moyens de propagande au service de la cause abolitionniste. Jusqu'alors, les protestants avaient joué un rôle dominant dans le mouvement anti-esclavagiste et leur doctrine de la liberté individuelle est indissociable de la grande cause humanitaire de cette époque. L'Église catholique ne peut laisser ses ennemis protestants accaparer ce rôle. Il lui incombe désormais de conduire ce combat et d'y associer fermement ses principes. Ses condamnations de la traite européenne avaient été fort timides jusqu'alors, ce qui lui a été reproché. Pour faire oublier ce passé peu glorieux, l'Église doit reprendre la tête de la lutte au nom du salut de l'humanité. Sous l'impulsion de grandes figures religieuses, telles que Charles Lavigerie et Jean-Marie de La Mennais, l'Église catholique rejoint la cause humanitaire abolitionniste.

Lors du jubilé du pape Léon XIII, Lavigerie conduit à Rome de jeunes Arabes christianisés et de jeunes Noirs affranchis et baptisés. En leur présence, le pape flétrit « l'horrible commerce des esclaves noirs et invite le monde chrétien à une croisade pour faire cesser toutes ces horreurs[9] ». Fasciné par les grands ordres médiévaux, Lavigerie rêve de fonder en Afrique un ordre de missionnaires-soldats, qui iraient sur ce continent faire la guerre aux esclavagistes et fonder des colonies agricoles, sur le modèle des colonies religieuses du Moyen Âge[10]. Lavigerie soutient qu'il revient à l'Église de construire et défendre l'empire colonial, comme elle a organisé et défendu l'empire d'Occident. Il fonde l'ordre des Pères Blancs, qui, comme celui des Frères de Ploërmel fondé par La Mennais, se donne pour mission de combattre la traite, d'évangéliser les Noirs et de former un clergé noir. Une nouvelle croisade est lancée, qui ne vise plus à délivrer la Terre sainte mais à amener de nouvelles âmes à l'Église, croisade dont l'ennemi reste le musulman. Ainsi, Lavigerie condamne fermement les « Mahométains » qui sont à la tête du commerce des esclaves[11].

Selon l'Église, plusieurs raisons justifieraient, dans l'empire naissant, le rôle actif des missionnaires contre l'esclavage et pour la mission civilisatrice. Tout d'abord, l'instauration de la civilisation chrétienne *exige* la lutte contre la traite, car il faut amener le plus grand nombre d'âmes à l'Église. Mais la campagne abolitionniste est aussi une réaction contre les attaques de missionnaires par les marchands d'esclaves et les incroyants. La traite nie le droit, car son économie (réelle et symbolique) est une économie de prédation. Afin d'instituer un état de droit, il est nécessaire d'abolir la traite et d'éduquer les Africains en bons chrétiens, œuvrant à la gloire de l'empire. Enfin, grâce à son action humanitaire, l'Église,

---

9. Cité par François RENAULT, *Lavigerie, l'esclavage africain et l'Europe 1868-1892*, 2 vol., Paris, Éditions de Boccard, 1971, p. 75 ; voir aussi Henri KOREN et Henri LITTNER, « Le cardinal Lavigerie et les missions spiritaines au cœur de l'Afrique », *Mémoire Spiritaine*, n° 8, 1998, pp. 30-49.

10. Élisabeth DUFOURCQ, « L'Empire romain, intégrateur des peuples colonisés dans la pensée de Fénelon, Lavigerie et Charles de Foucauld », in Pascal BLANCHARD *et al.*, *L'Autre et nous. Scènes et types*, Paris, Syros / ACHAC, 1995, pp. 121-126.

11. Cité par Renault, *op. cit.*, vol. 1, p. 166.

jusqu'alors accusée d'être opposée au progrès et à la science, s'ins-
crirait dans son temps. Obtenir la « liberté des fils de Cham serait
l'une des plus grandes choses de ce siècle et même de toute l'histoire de l'Église. [...] Elle marcherait avec les savants, les Missions
marcheraient avec Dieu et avec l'humanité[12] ». L'abolitionnisme
devient un *devoir* chrétien. Des institutions laïques s'associent à
cette mission, tels l'Institut d'Afrique ou la Compagnie d'Afrique
Société Commerciale, où siègent des abolitionnistes et dont le but
est de « substituer au trafic odieux et anti-chrétien, le commerce
des hommes, celui de transactions licites et honorables[13] ».

L'Afrique a été « démoralisée et abrutie », ses « habitants transformés en hordes féroces se livrant à une guerre perpétuelle », écrit
l'abolitionniste français Guillaume de Felice. C'est à l'Europe d'arracher l'Afrique à ses tyrans, à ses rois barbares et aux griffes des
musulmans esclavagistes. L'Africain barbare d'hier est dès lors
présenté comme un enfant que l'Europe va protéger et amener à
l'âge adulte. Soumis aux superstitions et aux tyrans, pillé par la
traite, le continent africain est « en attente ». Grand bénéfice de ce
tour de passe-passe : la traite européenne est passée sous silence.
Ainsi débute le discours d'une Afrique dans le « besoin » – besoin
de civilisation, d'ordre, de tutelle, de missionnaires. L'aventure est
exaltante et les récits répondent à l'attente du public européen.
Comme les premiers martyrs chrétiens, les missionnaires affron-
tent en Afrique l'indifférence, la cruauté et la barbarie. Cependant
leur foi grandit et s'exalte devant les obstacles. Les « valeurs musul-
manes [enseignent] le mépris des pauvres, des vieillards, des
malades, et justifient la condition inférieure de la femme », écrit le
R. P. Horner dans un récit de voyages qui connaît un grand succès.
Sous l'impulsion de Lavigerie, les missionnaires comprennent la
nécessité de mobiliser l'opinion publique, « reine du monde d'aujourd'hui[14] ». Ils publient photos et témoignages d'anciens esclaves
rachetés par les missions. L'une de ces édifiantes publications,

---

12. *Ibid.*, vol. 1, p. 168.
13. Cité par Paule Brasseur, « De l'abolition de l'esclavage à la colonisation de
l'Afrique », *Mémoire spiritaine*, n° 7, 1998.
14. Lavigerie, cité par Renault, *op. cit.*, vol. 2.

destinée aux enfants, connaîtra trois éditions (de 1870 à 1892). *Suéma ou la petite esclave africaine enterrée vivante. Histoire contemporaine, dédiée aux jeunes Chrétiens de l'ancien et du nouveau monde par Mgr. Gaume* est l'histoire de Madeleine Suéma, jeune esclave rachetée à l'âge de neuf ans par les missionnaires. Elle devient la première sœur indigène et, en 1876, part, avec trois compagnes, pour l'île de La Réunion afin d'entrer au noviciat des Filles de Marie. Le vœu de Madeleine est de revenir sur le continent africain et d'évangéliser ses frères et sœurs. Elle ne peut accomplir ce rêve et meurt à La Réunion en 1878. Partisan de la ligne conservatrice ultramontaine, l'abbé Gaume, qui a recueilli ce témoignage, publie de nombreux ouvrages invitant les jeunes à évangéliser l'Afrique. Cette littérature, qui célèbre la mission de l'Église aux colonies, connaît un vif succès. Les récits des missionnaires sont des récits d'aventure où les héros, confrontés à une nature hostile, à des populations arriérées et à des guerriers barbares, sont conduits par la foi. Les récits mettent en scène des sauvages cannibales, des tribus aux mœurs étranges, des territoires sans loi, des missionnaires dévoués, animés par l'amour de l'humanité et qui apportent progrès et lumière au « cœur des ténèbres ». C'est en fait à cette période, et non au cours de celle qui précède le décret de 1848, que la littérature condamnant l'esclavage devient une littérature populaire. Elle répond à la curiosité du public sur les mœurs et coutumes des « barbares », au désir d'exotisme et d'aventure où le Blanc joue un rôle positif. Les récits des missionnaires ne constituent pas à eux seuls la littérature coloniale. L'empire offre au romancier un espace où sexe, orientalisme, exotisme, raffinements et perversions dressent le tableau d'un monde qui serait l'envers de l'Europe et qui ne cesse de fasciner.

Dans les dernières années du XIXe siècle, les initiatives en faveur de l'abolition de l'esclavage et de la colonisation se succèdent. L'Acte anti-esclavagiste de Berlin (1885) réaffirme la volonté des « puissances civilisées » de joindre leurs efforts contre le commerce des Africains. La France s'associe au projet européen d'intervention coloniale lancé au nom de la condamnation de l'esclavage. En 1888, la Société anti-esclavagiste est créée à Paris sur le modèle de son homologue anglais. L'année suivante, sous l'égide de

Léopold II, roi des Belges, une conférence internationale contre l'esclavage se tient à Bruxelles. Les puissances et organisations présentes signent l'Acte de Bruxelles qui invite les participants à renforcer la répression de la traite des Noirs[15]. Cette résolution réaffirme que « le bien-être des indigènes » relève de la responsabilité internationale. Elle invite les signataires, dont la France, à s'engager à mettre fin à la traite des esclaves, à rapatrier les esclaves fugitifs et à les aider à s'installer, ainsi qu'à interdire la vente des armes dans les régions où sévit la traite. Les signataires ne cherchent pas à supprimer l'esclavage, mais seulement la traite, qui entrave le commerce et menace l'ordre colonial[16]. Les États conquérants garantissent qu'ils apporteront « accueil, aide et protection aux associations et aux initiatives privées qui voudraient coopérer dans leurs possessions à l'œuvre anti-esclavagiste ». La construction en Afrique de postes militaires, de chemins de fer, de bateaux à vapeur, de routes est présentée comme participant de cette œuvre. Facilitant la pénétration du continent africain, ces infrastructures favorisent l'action des missions anti-esclavagistes. Construits grâce au travail forcé, les routes, les chemins de fer, les postes militaires sont à la fois des instruments de la conquête militaire et des jalons de la pénétration abolitionniste. Les armées de la cause humanitaire suivent les armées coloniales. La France, cependant, refuse la clause qui autorise à perquisitionner les bateaux battant pavillon français, et, dans l'océan Indien, les marchands d'esclaves pratiquent leur commerce sous le pavillon de complaisance français. Les marchands se reconvertissent progressivement dans le trafic de travailleurs engagés qu'ils vont recruter sur la côte africaine ou malgache.

Pour son bénéfice personnel, Léopold II a déjà accaparé le Congo, un territoire aussi vaste que l'Europe de l'Ouest, et y a

---

15. Voir le livre remarquable d'Adam HOCHSCHILD, *King Leopold's Ghost. A Story of Greed, Terror and Heroism in Colonial Africa*, New York, Houghton Mifflin, 1998. Voir aussi Sven LINDQVIST, *Exterminez toutes ces brutes. L'odyssée d'un homme au cœur de la nuit et les origines du génocide européen*, Paris, Le Serpent à Plumes, 1998.

16. Suzanne MIERS, « Slavery and the Slave Trade as International Issues 1890-1939 », dans Suzanne MIERS et Martin A. KLEIN (éd.), *Slavery and Colonial Rule in Africa*, Londres, Cass, 1999, pp. 16-37.

institué le travail forcé car « il est nécessaire, avec une race constituée de cannibales, d'utiliser des méthodes propres à secouer leur
paresse et à leur apprendre le caractère sacré du travail[17] ». Ces
méthodes sont d'un rendement et d'une efficacité tels qu'elles
coûtent la vie à près de dix millions de Congolais. Les abolitionnistes mettent un certain temps à mesurer la duplicité de
Léopold II, puis à convaincre l'opinion européenne que le travail
forcé n'est qu'une autre forme d'esclavage. C'est grâce, entre
autres, à l'action de missionnaires que la réalité de la conquête et
de la pacification est connue. Les témoins des exactions perpétrées
dans le Congo de Léopold adressent aux institutions européennes
et internationales de défense des droits de l'homme témoignages
et documents photographiques. La diffusion d'images de villages
brûlés, de forêts dévastées, de Nègres mutilés, sans mains, sans
pieds, dessine une tout autre réalité. Après de longues années de
lutte, les abolitionnistes dévoilent la perversion de Léopold II,
grand mécène et partisan de la cause anti-esclavagiste en Europe,
tyran cruel en Afrique. L'évangélisation, l'abolitionnisme et la
colonisation s'entrecroisent, se soutiennent et parfois se heurtent.
Il arrive que les intérêts de certains des missionnaires s'opposent à
ceux des colonisateurs, mais ces missionnaires de l'humanitaire ne
comprennent toujours pas que la folie coloniale est le pur produit
de l'Europe civilisée.

Du côté des États, la concorde affichée n'empêche pas les rivalités sur le terrain. La France résiste toujours au droit de visite dans
l'océan Indien, où elle permet aux boutres qui font le trafic d'esclaves et d'engagés de battre pavillon français. Elle refuse de se
joindre au blocus anglo-allemand de Zanzibar (1888), plaque
tournante de l'esclavage, car elle s'inquiète de voir s'étendre la
présence de l'Angleterre dans la région. L'abolitionnisme d'État
obéit aux besoins de la politique étrangère, de la diplomatie et des
intérêts de l'empire colonial. L'adaptation stratégique de la notion
d'intervention au nom de la répression abolitionniste permet des
ajustements. S'il est intraitable lorsqu'il s'agit de mettre fin à l'es-

---

17. HOCHSCHILD, *op. cit.*, p. 118 ; LINDQVIST, *op. cit.*, pp. 38-42.

clavage à Madagascar, l'abolitionnisme de l'État français consent certains aménagements lorsqu'il s'agit de faire alliance avec les États de l'océan Indien qui pratiquent l'esclavage. L'abolitionnisme européen de la fin du XIXe siècle a pour ennemi les marchands d'esclaves musulmans et les souverains africains ; mais il adapte ses interventions au gré des intérêts nationaux et des rivalités impériales.

La cause humanitaire, qui a légitimé l'émancipation des esclaves à La Réunion, sert ainsi à justifier l'asservissement de peuples dont sont souvent issus les affranchis. Il en est ainsi de Madagascar, naguère plaque tournante de la traite dans l'océan Indien[18]. L'esclavage existait dans la Grande Île bien avant l'arrivée des Européens, et les Malgaches pratiquaient déjà le commerce des esclaves. La traite, d'abord aux mains des Sakalaves, fournissait le marché intérieur, les Arabes de la côte africaine et les îles Comores. La colonisation par les Français des îles de France (Maurice) et de Bourbon (La Réunion) bouleverse l'économie et la politique de la région. Les Imerina se saisissent du contrôle de la traite, échangeant avec les Français des fusils contre des esclaves et acquérant par conséquent des moyens d'asseoir leur pouvoir sur Madagascar. Entre 1769 et 1793, plus de 45 % des 80 000 esclaves envoyés à Maurice et La Réunion viennent de Madagascar. La transformation de ces îles en îles à sucre accroît la demande d'esclaves et, comme les Comores et Zanzibar, Madagascar prend une

18. Voir *L'Esclavage à Madagascar. Aspects historiques et résurgences contemporaines*, Antananarivo, Madagascar, Institut de civilisation, 1997 ; Maurice BLOCH, « Modes of Production and Slavery in Madagascar : Two Case Studies », dans U. BISSOONDOYAL et S. B. C. SERVANSING (éd.), *Slavery in South West Indian Ocean*, Moka, Maurice, Mahatma Gandhi Institute, 1989, pp. 100-134 ; Pierre BOITEAU, *Contribution à l'histoire de la nation malgache*, Paris, Éditions sociales, 1982 ; J. M. FILLIOT, *La Traite des esclaves vers les Mascareignes au XVIIIe siècle*, Paris, ORSTOM, 1974 ; Edmond MAESTRI, *Les Îles du sud-ouest de l'océan Indien et la France de 1815 à nos jours*, Paris, L'Harmattan, 1994 ; Paul OTTINO, *L'Étrangère intime. Essai d'anthropologie de la civilisation de l'ancien Madagascar*, Paris, Éditions des archives contemporaines, 1986 ; Christiane RAFIDINARIVO RAKOTOLAHY, « Empreintes de l'esclavage dans les relations internationales », dans *Esclavage et colonisation*, Le Port, Réunion, Commission « Culture Témoignages », 1998, pp. 45-75 ; Gill SHEPERD, « The Comorians and the East African Slave Trade », dans BISSOONDOYAL et SERVANSING (éd.), *op. cit.*, pp. 73-99.

plus grande part à ce commerce lucratif. L'interdiction de la traite n'altère pas profondément le commerce des esclaves dans la région. Les Français contournent l'interdiction en achetant au Mozambique des esclaves, d'abord emmenés aux Seychelles, puis revendus à La Réunion et à l'île Maurice comme « anciens » esclaves[19]. Les marchands malgaches et comoriens eux aussi contournent la loi. L'abolition de l'esclavage à La Réunion relance la campagne pour la colonisation de la Grande Île. Encouragée par la caste des grands planteurs réunionnais, la colonisation de Madagascar est soutenue par l'Église qui voit dans l'émigration des Réunionnais à la fois une solution à la paupérisation des Petits Blancs à La Réunion et un obstacle au protestantisme, religion de l'aristocratie malgache. « Est-ce pour des hordes sauvages que la Providence a versé à pleines mains la fertilité sur ce riche pays ? Dieu le veut ! La terre malgache est notre salut, notre avenir, notre prospérité, notre gloire ! » s'écrie un abbé à La Réunion. « Que les Bourbonnais se présentent donc à cette conquête de civilisation sur la barbarie et qu'ils vengent enfin le sang de leurs frères répandu par des hordes sauvages », lit-on dans la presse de l'île[20]. C'est au nom des ancêtres « bourbonnais » que la conquête devra se faire, ce qui conférera une dimension ambivalente à la relation de la population de l'île avec la terre d'où sont venus nombre de ses ancêtres. L'esclavage n'est pas encore aboli à La Réunion que l'esclavagisme de la société malgache est stigmatisé comme l'expression même de la barbarie.

À Madagascar, les missionnaires protestants anglais mènent campagne contre la traite, bientôt rejoints par de jeunes malgaches convertis. Thomas Packenham, représentant des intérêts britanniques dans l'île et abolitionniste convaincu, se donne pour mission d'abolir la traite à Madagascar. Il déclare en 1876 : « Le gouvernement anglais, avec sa fermeté et son pouvoir, est déterminé à mettre fin à cet abominable trafic. » Devant l'opposition de

---

19. A. B. ADERIBIGBE, « Slavery in South-West of Indian Ocean », dans BISSOONDOYAL et SERVANSING (éd.), *op. cit.*

20. *Feuille hebdomadaire de l'île Bourbon*, 25 mars 1846.

l'oligarchie et le peu d'empressement du gouvernement malgache à poursuivre les marchands d'esclaves, les missionnaires anglais, qui souvent fermaient les yeux devant des pratiques esclavagistes largement répandues, font du commerce des esclaves leur cible principale. La monarchie Imerina interdit le commerce d'esclaves africains en 1868, mais la traite n'en continue pas moins à prospérer. Dans cette société esclavagiste, organisée en castes, l'abolition de la traite intérieure et de l'esclavage remettrait en cause le pouvoir de l'oligarchie : tel est le but recherché par les puissances européennes qui se disputent le contrôle de l'île. Pour les Britanniques, l'abolition de la traite doit précéder la mise en place du libre commerce dans l'île. En 1877, la reine Ranavalona II affranchit tous les esclaves installés sur son territoire. De son côté, la classe possédante de La Réunion continue à faire pression contre le statut de protectorat et pour le statut colonial de Madagascar. Elle reprend l'argument de l'Église : cette colonisation permettrait d'envoyer les Blancs appauvris par la concentration des terres à La Réunion comme colons à Madagascar. En leur offrant une possibilité d'enrichissement et une compensation narcissique à la perte de statut social et racial entraînée par l'abolition de l'esclavage, et en préservant leur statut de « Blanc », on éviterait de les mécontenter et une possible alliance avec les affranchis. Enfin, en participant à la construction de l'empire, l'élite de La Réunion pourrait espérer retrouver sa place au sein de la Nation, place diminuée par la perte du système esclavagiste. Elle cherche aussi à freiner son déclin accentué par l'ouverture du canal de Suez, qui éloigne l'île des grandes routes maritimes. Elle est moins animée par les vues généreuses de l'abolitionnisme que par deux désirs : acquérir un pays dont elle pressent qu'il possède de grands atouts et se poser en meilleur soldat de l'empire colonial dans la région. Lors de la conquête, des centaines de Réunionnais se portent volontaires. François de Mahy, député républicain de La Réunion, se fait l'avocat intransigeant de la conquête devant l'Assemblée nationale. Il combat l'hypothèse du protectorat, seul le statut de colonie le satisfera. Un grand nombre de Petits et de Grands Blancs réunionnais assouvissent ainsi leur désir de revanche sur un destin peu enviable : isolés dans l'océan Indien, ils ont du mal à s'affirmer de façon autonome et cherchent, dans la conquête de Madagascar, une compensation à leurs frustrations.

En France, abolir l'esclavage à Madagascar prend l'envergure d'une mission sacrée. L'abolition est présentée comme l'enjeu de la lutte entre aristocrates (la monarchie Imerina) et le peuple (les tribus de la côte). Dans ce mélodrame, le rôle du sauveur est attribué au soldat colonial français. De nouveau, la presse française se fait l'écho de l'horreur des razzias et des souffrances des victimes arrachées à leur famille et à leur village. Les reines malgaches sont décrites comme des furies, des Marie-Antoinette asservissant leur peuple. Les Créoles de Bourbon obtiennent gain de cause et une nouvelle guerre est déclarée au royaume Imerina[21]. Le général Gallieni est chargé de soumettre les Malgaches. Le 6 août 1896, la France déclare Madagascar colonie française. L'abolition de l'esclavage est annoncée le 28 septembre. Gallieni, qui a signé le décret d'abolition, reçoit en 1897 de la Société anti-esclavagiste de Paris une médaille d'honneur pour son « acte d'humanité ». Or, deux mois après l'abolition de l'esclavage, le même Gallieni déclare l'obligation pour tout Malgache de sexe masculin de fournir à l'administration cinquante journées de neuf heures de travail dans l'année. Grâce au *fanompoana* – à la « corvée » –, les Malgaches ne sont plus ni malgaches ni esclaves, mais des Français de deuxième catégorie, soumis à la corvée. En 1903, soit à peine six ans plus tard, le taux de mortalité causé par le *fanompoana* est déjà estimé à 20 %. L'institution royale des *pasipaoro* (passeports intérieurs) est rétablie afin de réprimer le vagabondage. Toute résistance est violemment écrasée au nom de la pacification. Face à la canonnière et aux fusils français, les armes des Malgaches sont dérisoires. Des massacres sont perpétrés à titre d'exemple. Ainsi, en 1900, des officiers français lancent leurs troupes accompagnées de tirailleurs sénégalais contre la ville d'Ambike :

Surprise sans défense, la population entière est passée au fil des baïonnettes. Pendant une heure, ceux qui n'avaient pas été tués du

---

21. Voir Joëlle HEDO-VERGIER, *François de Mahy. La double appartenance*, Saint-Denis, La Réunion, Océan Éditions, 1995.

premier coup cherchent à fuir ; traqués par nos compagnies noires, on les vit, leur sang ruisselant des blessures fraîches, courir affolés, atteints et frappés à nouveau, trébuchant sur le corps de leurs camarades, ou allant donner contre les armes impitoyables des réserves postées aux issues. [...] Enivrés de l'odeur du sang, ils n'épargnèrent pas une femme, pas un enfant... Quand il fit grand jour, la ville n'était plus qu'un affreux charnier dans le dédale duquel s'égaraient les Français, fatigués d'avoir tant frappé[22].

L'ABOLITIONNISME AU XXᵉ SIÈCLE

L'abolitionnisme militant continue de faire pression sur l'Europe. Missionnaires et explorateurs envoient des rapports, publient des articles, donnent des conférences et utilisent avec talent les ressources de la photographie. Ils se heurtent cependant à la logique coloniale et, pour eux, les colons d'aujourd'hui ont les vices des maîtres d'hier. Cependant, les militants abolitionnistes partagent nombre de préjugés sur les Africains. Ils ne comprennent pas la place et le statut des esclaves au sein de la société africaine, le rôle des chefs, la complexité des organisations sociales sur le continent. S'ils dénoncent l'inacceptable, l'injustice, ils ne remettent pas en cause la colonisation. Les abolitionnistes partagent avec les soldats conquérants le « fardeau de l'homme blanc ». *Take up the white man's burden / Send forth the best ye breed / Go bind your sons to exile / To serve your captives need*, tel est le message de Rudyard Kipling[23].

Albert Londres, André Gide et Joseph Conrad disent la folie et la bêtise du monde colonial. Sous leur plume, les soldats chargés de la mission civilisatrice deviennent cupides, avides, médiocres. Les Européens des colonies s'abandonnent à leur désir de toute-puissance, ne trouvant nulle limite à leur volonté d'asservir.

---

22. Vigné D'OCTON, *La Gloire du sabre*, Paris, Flammarion, 1900. Cité dans BOITEAU, *op. cit.*, pp. 217-219.

23. « Soulagez le fardeau de l'homme blanc, / Envoyez les meilleurs de vos enfants, / Soumettez vos fils à l'exil / Pour subvenir aux besoins de vos captifs », in Norman PAGE, *A Kipling Companion*, Londres, Macmillan, 1984.

L'invention d'armes nouvelles, rapides et précises donnent aux Européens un avantage considérable dont ils se servent sans retenue. Dans son ouvrage, *Exterminez toutes ces brutes*, Sven Lindqvist a réuni les témoignages de ceux qui participèrent à la conquête de l'Afrique. « Dites à votre Sultan que je ne veux aucune paix avec lui. Les Vagogo sont des menteurs et doivent être éliminés de la surface de la terre », déclare Carl Peters, fondateur de la colonie de l'Afrique-Orientale allemande et partisan de la guerre à outrance[24]. « En cinq heures, la plus forte armée de sauvages jamais dressée contre une puissance européenne moderne avait été détruite et dispersée, sans guère de difficulté, avec, en comparaison, peu de risques et des pertes insignifiantes pour les vainqueurs », écrit Churchill, exaltant la puissance de feu européenne, après la bataille d'Omdurman (1898). On est loin des bontés des missionnaires. « Et vinrent les hommes blancs, qui répandirent la mort de loin », fait dire Conrad à l'un des personnages d'*Un paria des îles* (1896). L'Afrique est un terrain d'expérimentation, où sont testées des armes nouvelles (canonnière, fusils-mitrailleurs), de nouvelles techniques de soumission des populations civiles (mutilations, travail forcé, concentration des populations civiles derrière les fils barbelés des camps, déplacement de populations) ; où est perfectionnée l'idée de race ; où est envisagée, pour le bien de l'humanité, l'extermination totale de populations jugées mentalement et physiquement inférieures. Cependant, il serait injuste d'accuser les Européens partis aux colonies d'avoir oublié et trahi les principes de la civilisation ; il serait trop simple d'en faire des hommes perdus, rendus fous par l'Afrique. L'Europe leur a donné les moyens matériels et symboliques de se poser en roitelets, en tyrans au petit pied, tel Kurtz, personnage d'*Au cœur des ténèbres* de Conrad, symbole de la folie coloniale. « Toute l'Europe avait contribué à la création de Kurtz. » *Au cœur des ténèbres* met en scène la complicité entre le discours missionnaire et civilisateur entretenu en métropole et la barbarie perpétrée dans la colonie. Dans le récit, les Africains

---

24. LINDQVIST, *op. cit.*

n'existent que comme masse indistincte, sans volonté, sans voix, suivant les normes du discours raciste ou du discours paternaliste. « J'appris, dit le narrateur, que, comme c'était tout indiqué, l'Association internationale pour la suppression des coutumes Sauvages, lui avait confié la préparation d'un rapport. [...] La péroraison était magnifique, bien que difficile à rappeler comme vous pensez. Elle me donnait l'idée d'une Immensité exotique gouvernée par une auguste Bienfaisance. Elle me donna des pico-tements d'enthousiasme [...]. C'était très simple, et à la fin de cet appel émouvant à tous les sentiments altruistes qu'il faisait flam-boyer devant vous, lumineux et terrifiant, comme un éclair dans un ciel serein : "Exterminez toutes ces brutes"[25]. » Le paradoxe de la campagne abolitionniste humanitaire se situe dans cet espace : les conditions historiques, économiques et politiques qui ont produit le travail forcé et les abus du colonialisme sont les mêmes que celles qui ont produit l'abolitionnisme. Le militant abolition-niste, missionnaire ou pas, est persuadé du bien-fondé du colo-nialisme européen : il veut simplement en adoucir l'approche.

En 1926, la Convention sur l'esclavage oblige les signataires à supprimer « progressivement » l'esclavage et dénonce le travail forcé. L'esclavage est dès lors défini comme la condition d'un indi-vidu privé de la jouissance ou de l'exercice d'un ou de plusieurs droits de propriété, c'est-à-dire de ses capacités (force de travail, fruit du travail), ou de son être même (droit de disposer librement de soi, capacité de reproduction, droits civils, civiques et de famille). En 1928, la convention de Genève est signée. Les parti-cipants s'engagent à supprimer progressivement l'esclavage et condamnent le travail forcé. Les termes sont pratiquement les mêmes que ceux du congrès de Vienne. La Seconde Guerre mondiale va constituer un tournant dans l'élaboration du droit concernant l'esclavage. L'expérience des camps de concentration, le génocide des populations juives et tsiganes, la déportation massive de populations civiles, l'institution du travail forcé, perpé-trés au nom d'une idéologie exaltant la supériorité d'une race sur

---

25. Joseph CONRAD, *Au cœur des ténèbres, op. cit.*, pp. 158-159.

toutes les autres, transforment radicalement la réflexion sur la privation de liberté et le droit que s'arroge un groupe d'en asservir un autre. L'un des crimes des nazis est d'avoir rétabli l'esclavage en Europe, continent qui depuis la fin de l'Empire romain n'avait plus connu cette forme d'exploitation. Ainsi s'opère une relecture de l'esclavage, désormais assimilé à un crime contre l'humanité, selon l'article 6/c de la charte de Londres du 8 août 1945. Le vœu des abolitionnistes du XIXᵉ siècle est finalement accompli : la traite et l'esclavage, crimes souvent indissociables l'un de l'autre, sont devenus des crimes contre l'humanité prise comme un tout ; la loi qui réprime ces crimes est universellement reconnue. Dès lors, la condamnation de l'esclavage apparaît dans toutes les déclarations qui s'opposent à la violation des droits de l'homme. La Convention de 1956, dont le préambule commence avec cette phrase « Considérant que la liberté fait partie des droits inaliénables de tout être humain », demande aux États signataires de prendre toutes les mesures nécessaires à l'abolition complète du travail forcé et du servage, de l'esclavage pour dettes, et de l'esclavage des femmes et des enfants. La répression de la traite est cependant laissée aux États souverains qui doivent assurer son interdiction dans leurs ports, leurs navires et sur leur territoire (Section II, art. 3). Les États signataires de la Convention appliquent l'obligation créée en commun (l'interdiction de la traite et de l'esclavage) au moyen des procédures de leur droit interne. Dans la pratique, on revient donc à la séparation entre droit interne et droit international. Il ne s'agit plus de créer une force internationale de répression, ni une juridiction internationale qui punirait spécifiquement le crime d'esclavage.

L'abolitionnisme a inauguré une politique de l'humanitaire. Grâce à ses avocats, la suppression de l'esclavage est devenue une question d'ordre juridique international. C'est au nom de l'humanité que les peuples et leurs États doivent assistance à ceux et à celles qui sont asservis partout dans le monde. Cette déclaration érige en principe l'impossibilité de s'approprier un être humain. Elle n'échappe cependant pas aux conditions historiques et politiques qui dénaturent l'idéal moral de l'abolitionnisme en justification idéologique.

Aujourd'hui, des associations poursuivent la lutte abolition-niste. Elles sont à l'origine des procès contre l'esclavage en France, où les victimes sont surtout des femmes asservies au sein de familles. Au Soudan, une secte chrétienne américaine rachète des esclaves ; ce rachat a paradoxalement entraîné un plus grand nombre de mises en esclavage, à seule fin de négocier la libération des esclaves contre des dollars. Des associations dénoncent l'escla-vage qui frappe des millions d'enfants dans le monde. D'anciens prisonniers victimes du travail forcé institué par les nazis ont demandé et obtenu réparation. La jurisprudence actuelle a donc permis à des victimes de poursuivre leurs esclavagistes. Cet escla-vage n'est cependant plus motivé par la discrimination raciale. Certains cas attestent d'une « ethnicisation » de l'esclavage mais il est clair que jusqu'à présent seule la « race noire » a été victime d'une traite et d'une esclavagisation massive. L'économie de prédation qui organisa, et organise encore, la vie économique en Afrique organise aujourd'hui le monde contemporain dans sa globalité. La globalisation de l'économie entraîne un esclavage délocalisé, déterritorialisé[26]. L'abolitionnisme se trouve confronté à de nouvelles techniques d'asservissement et de mise en esclavage.

La condamnation de l'esclavage dans les textes depuis 1948 a opéré une dilution dans le droit d'une condamnation de la traite européenne. Les procès qui concernent des formes actuelles de l'esclavage sont possibles, mais les crimes d'hier ne semblent pas pouvoir faire l'objet de procès. Seule est tolérée la condamnation morale. Il est vrai qu'un tel jugement soulève diverses questions : Qui sont les accusés ? Au nom de quelle loi les juger ? Qui sont les victimes ? En quoi consiste l'acte répréhensible ? Peut-on juger comme tels des crimes qui n'en étaient pas au regard de la loi lors-qu'ils furent commis ? La justice est une mise en scène qui permet de revenir sur le passé, d'aider au travail de deuil et de réparation. Pour Hélène Piralian, le déni et l'impunité du crime de l'esclavage

---

26. Kevin BALES, *Disposable People. New Slavery in the Global Economy*, Berkeley, University of California Press, 1999. Voir aussi Saskia SASSEN, *Globalization and Its Discontents*, New York, The New Press, 1998, et *The Mobility of Labor and Capital*, Cambridge, Cambridge University Press, 1988.

étaient déjà programmés lorsque l'État français décida d'indemniser les maîtres[27]. Cette indemnisation nie les dommages dont furent victimes les esclaves. Selon elle, l'héritage de l'esclavage comporte une part d'irréparable, d'irreconstituable ; or le deuil ne sera possible que si les dommages sont reconnus. Mais comment faire reconnaître ces dommages dans l'ordre pratique ? Pour Wole Soyinka, il faut établir un principe : toute dépossession doit être compensée par une forme de restitution[28]. Cette restitution peut prendre différentes formes. Nombreux sont ceux qui exigent une inscription d'ordre symbolique : l'esclavage serait alors reconnu comme crime contre l'humanité. Certains demandent l'abrogation totale de la dette des pays africains ; d'autres, l'aide au développement économique des sociétés créoles. D'autres encore exigent que l'Europe demande « pardon » à l'Afrique. Le pardon ressortit au domaine religieux : c'est un geste d'absolution et non un geste politique. Au regard des crimes constitués par la déportation et l'esclavage de millions d'Africains, la demande de pardon de Bill Clinton lors de son voyage en Afrique apparaît dérisoire, anodine, sinon insultante ; telle est notamment l'opinion de l'historien Robert Paxton.

Un droit a gouverné la traite et l'esclavage ; un autre droit a gouverné l'abolition de la traite et de l'esclavage ; mais quel droit pourrait gouverner la réparation ? Quel système juridico-politique pourrait compenser le cataclysme produit par la traite et l'esclavage[29] ? Ne faudrait-il pas, afin de répondre à ces questions, « observer le phénomène institutionnel occidental comme s'il nous était étranger » et non pas comme une universelle traduction du principe des catégories[30] ? En d'autres termes, ne faudrait-il pas se situer en dehors des catégories servitude/liberté, victime/bourreau,

---

27. Hélène PIRALIAN, « Tiers symbolique et servitude », in Georges NAVET, *Modernité de la servitude*, Paris, L'Harmattan, 1998, pp. 45-54.

28. SOYINKA, *op. cit.*, p. 36.

29. Rony BRAUMAN, *Humanitaire, le dilemne*, Paris, Textuel, 1996 ; Pierre DE SENARCLENS, *L'Humanitaire en catastrophe*, Paris, Presses de Sciences-Po., 1999.

30. Pierre LEGENDRE, *Les Enfants du texte. Étude sur la fonction parentale des États*, Paris, Fayard, 1992, pp. 21-22.

crime/réparation et appréhender, à partir de cette mise à distance, les questions soulevées par le système esclavagiste ? L'extrême marginalisation de la traite et de l'esclavage dans les manuels d'histoire en France et dans la recherche historique et politique constituent des obstacles à leur intégration. Traite et esclavage demeurent alors des traumatismes. Une des formes de réparation possible serait donc de rendre à ces événements leur caractère exceptionnel tout en marquant leur appartenance à l'histoire de l'humanité. La dimension hétérogène et conflictuel de la démocratie s'en trouverait éclairé. L'histoire de la démocratisation de l'espace public en France s'en trouverait enrichie. La traite, l'esclavage, le colonialisme et l'impérialisme ont freiné cette démocratisation et y ont contribué : freiné, car ils constituaient des violations des principes d'égalité et de liberté ; contribué, car, en s'y opposant, colonisés et colonisateurs ont élargi l'espace démocratique.

3.

Politique des sentiments, utopie coloniale

« Ne suis-je pas un homme et donc ton frère[1] ? »

À la veille de l'abolition, la France vit depuis deux siècles sur l'esclavage, un système économique qui a aussi bien des défenseurs que des détracteurs. Leurs arguments tournent tous autour de l'utilité et de la nécessité économique de l'esclavage dans l'économie globale de la France. Pourfendeurs et partisans de l'esclavage restent en somme dans la même logique, celle d'une économie qui prend en compte des ressources matérielles et des bénéfices matériels. Mais ce qui est exceptionnel dans l'esclavage, c'est qu'il ravale au rang de bien matériel les êtres humains et qu'il fait commerce matériel des ressources humaines. En tant que système économique, auquel participe toute économie qui intègre l'esclavage, celui-ci fait négoce d'êtres humains en les ravalant au préalable au rang de bien meuble et en leur déniant toute humanité. Tant qu'ils continuent à raisonner selon cette logique, que ce soit pour condamner ou pour critiquer l'esclavage, pourfendeurs et détracteurs la perpétuent. En comparaison, la doctrine abolitionniste d'un Victor Schœlcher constitue, au milieu du XIXe siècle, une véritable rupture, une sorte de révolution copernicienne qui met soudain la défense de l'homme, quelle que soit sa couleur et sa race, au centre de la polémique en refusant de le considérer comme un bien parmi d'autres.

---

1. Devise du mouvement abolitionniste anglais, repris par le mouvement abolitionniste français.

La rupture ainsi introduite par la conception de ce système économique de l'esclavage, dont apparaît alors toute la barbarie, provoque un bouleversement des sensibilités. En formulant les choses à la suite de Georges Bataille, on peut dire que la doctrine abolitionniste impose la nécessité de penser le monde différemment, non plus en termes d'économie restreinte mais en termes d'économie généralisée, non plus dans la logique étroite et classique dominée par les intérêts les plus frustes mais dans une logique plus large et plus moderne supposant le respect des ressources humaines et des individus. L'analyse de l'esclavage et de son abolition exige alors de ne plus isoler l'un des termes du problème au détriment de l'autre, de ne plus dissocier l'étude des coûts et des bénéfices strictement économiques des dommages et des bénéfices moraux, mais également de prendre en compte l'analyse des relations créées par tout rapport d'asservissement. L'esclavage s'est voulu un fait d'exception. L'abolitionnisme se veut une doctrine d'exception et ses partisans insistent sur la dimension morale de toute action politique et économique.

« Que l'esclavage soit ou ne soit pas utile, il faut le détruire ; une chose criminelle ne doit pas être nécessaire. » En 1843, Victor Schœlcher estime qu'il faut passer outre la logique économique qui justifiait jusqu'alors l'exploitation absolue de l'homme dans le système esclavagiste. Au-delà de sa simple dénonciation, Schœlcher oppose à la logique économique des arguments moraux : « La violence commise envers le membre le plus infime de l'espèce humaine affecte l'humanité entière ; chacun doit s'intéresser à l'innocent opprimé, sous peine d'être victime à son tour, quand viendra un plus fort que lui pour l'asservir. » C'est cette vision entachée pour le meilleur et pour le pire de sentimentalisme qui donnera du problème de l'esclavage une vision romancée – si romancée qu'elle ne pourra trouver qu'un dénouement sentimental. À travers cette approche, l'abolitionnisme trouvera d'abord un élan, puis un soutien, mais finalement un frein et des limites. N'est-ce pas dans la mesure où il se présente comme une grande cause humanitaire et où il en appelle avant tout aux meilleurs sentiments que l'abolitionnisme ne peut éviter d'évacuer certains soubassements du problème esclavagiste, à commencer par le racisme ? Toute approche strictement humanitaire de quelque problème que ce soit n'est-elle pas vouée à se heurter à des limitations du même ordre ? Ne doit-elle pas faire l'impasse sur certaines questions fondamentales pour parer au plus pressé et atteindre ses buts ?

Et précisément Flaubert n'invite-t-il pas à se méfier de toute approche sentimentale lorsqu'il écrit : « Le moment était venu d'inaugurer le règne de Dieu ! L'Évangile conduisait tout droit à 89 ! Après l'abolition de l'esclavage, l'abolition du prolétariat. On avait eu l'âge de la haine, allait commencer l'âge de l'amour[2]. » La volonté farouche de masquer la dureté de certaines réalités pour rentrer à toute force dans l'âge de l'amour n'a-t-elle pas condamné certaines sociétés à voir survivre, de façon incompréhensible pour les bonnes âmes les mieux intentionnées, des manifestations qui sont autant de retour du refoulé, dignes de l'âge de la haine ? Çà et là perdurent aussi bien le désir et la volonté d'asservir que le ressentiment d'avoir été asservi. À intervalles réguliers, certaines manifestations de dépit ou de colère dans les anciennes colonies esclavagistes inclinent à penser que tout n'est peut-être pas pour le mieux dans le meilleur des mondes globalisés. Aussi est-il sans doute souhaitable, afin de comprendre des résurgences qui semblent parfois inexplicables, d'examiner enfin comment après plus de deux siècles fut prononcée l'abolition de l'esclavage.

En 1848, en Europe, le « printemps des peuples » apporte espoir et désillusion : espoir de voir disparaître les vieilles monarchies et libérer les peuples, désillusion de voir les promesses remises à plus tard. En Pologne, en Italie, en Hongrie, en France, les révolutionnaires veulent instaurer davantage de démocratie politique et de justice sociale, ils entendent instituer et/ou renforcer la nation[3]. La révolution industrielle a ébranlé les sociétés et suscité de nouveaux clivages sociaux. Le printemps des peuples fait entrevoir un monde meilleur. Dans L'Éducation senti-

---

2. Gustave FLAUBERT, L'Éducation sentimentale, Paris, Gallimard, « Folio », 1978 (1ʳᵉ éd., 1870), p. 331.
3. Rappelons ici l'impact qu'eut le décret d'abolition de 1848 sur les mouvements abolitionnistes américains et anglais.

mentale, Dussardier, l'ami de Frédéric s'écrie : « La République est proclamée ! On sera heureux maintenant... Plus de rois, comprenez-vous ? Toute la terre libre ! Toute la terre libre ! » Une série d'événements semble sonner le glas du Vieux Monde : en France, l'institution du suffrage universel (quoique encore exclusivement réservé aux hommes), la proclamation de la République, la liberté de presse et de réunion ; ailleurs, la publication du *Manifeste communiste,* la diffusion de l'idée de nation. Dans les colonies françaises, le monde mercantiliste et féodal de la plantation esclavagiste est affaibli par l'abolition de l'esclavage. Cependant, le maintien du statut colonial et du pouvoir des grands planteurs fait que la liberté et la citoyenneté vont être « colorées » par le colonialisme et l'héritage de l'esclavagisme. Les affranchis deviennent des citoyens (donc assimilés à des « Blancs ») mais restent des colonisés (donc pas vraiment des « Blancs »).

Le décret du 27 avril 1848 met fin à la traite et à l'esclavage dans les colonies françaises. Près d'un siècle après la première abolition de 1794, quelques années après la Tunisie, la colonie du Cap en Afrique du Sud, l'île de Mayotte, l'Angleterre et certains États d'Amérique, la Deuxième République reconnaît enfin comme êtres « libres » celles et ceux que l'État français a asservis pendant plus de deux siècles. La cause abolitionniste triomphe et les républicains peuvent s'enorgueillir d'avoir été parmi ceux qui ont accompli « cet impérieux devoir ». La Commission pour l'abolition de l'esclavage, mise en place par le gouvernement provisoire, est claire sur ce point : « La République eût douté d'elle-même si elle avait pu un instant hésiter à supprimer l'esclavage... La République... mentirait à sa devise si elle souffrait que l'esclavage souillât plus longtemps un seul point du territoire où flotte son drapeau. L'abolition est décrétée, elle doit être immédiate. »

L'héritage ambigu de l'abolitionnisme marque durablement les Vieilles Colonies. La relation politique, culturelle et économique entre la métropole et ces colonies est restée empreinte d'affectivité, de sentimentalisme. Les effets tenaces de l'esclavagisme et le statut colonial, d'une part, et la doctrine d'assimilation, indissociable de l'abolitionnisme, d'autre part, constituent une *citoyenneté qui est d'emblée et qui demeure encore de nos jours paradoxale.* Pourquoi paradoxale ? En raison des problèmes qu'elle pose. Égalité certes, mais sous tutelle. Comme tous les discours issus d'Europe prônant l'émancipation, l'abolitionnisme ouvre de nouvelles perspectives, tout en reproduisant néanmoins l'ancienne logique. Au fond, l'esclavage est incompatible avec l'économie de marché et une vision du monde où le commerce n'est pas entièrement contrôlé par les États. En France, les producteurs de sucre betteravier s'opposent aux privilèges des producteurs de sucre colonial. Aux colonies, la modernisation de l'industrie sucrière exige moins de main-d'œuvre. Les révoltes d'esclaves menacent l'ordre colonial. La bourgeoisie européenne ne se veut plus complice d'une aristocratie coloniale qu'elle juge dépravée. Dans de telles conditions, pourquoi maintenir l'esclavage ?

Sous la phraséologie généreuse et humaniste du discours abolitionniste français transparaît un projet de régénération sociale qui a dans les colonies des conséquences aussi diverses qu'imprévisibles. La personnalité du commissaire de la République, le nombre des Libres de couleur et l'accès de ces derniers à l'éducation dans les années précédant l'abolition, la vie économique, la situation géographique, les intérêts de la France dans la région et l'influence des grands planteurs constituent autant de facteurs qui influencent la façon dont se traduit dans les faits le projet abolitionniste au cours de la période qui suit l'abolition. Dans chaque colonie sont imposées des mesures similaires – telles les lois réglementant le travail et réprimant le vagabondage. Pour similaires qu'elles soient, ces mesures n'ont pas toujours les mêmes effets d'une colonie à l'autre. Comme dans toutes les autres sociétés post-esclavagistes, les nouveaux affranchis pâtissent surtout de la pauvreté, de la répression et du racisme. Les abolitionnistes ont sous-estimé la profondeur de la relation qui liait esclavage et racisme, privilèges des uns et servitude des autres. Ils espèrent voir la raison et la morale triompher des préjugés. Ils espèrent qu'en s'appuyant sur les idéaux de la fraternité républicaine, maîtres et esclaves sauront construire une nouvelle société, une société réconciliée sur les ruines de l'ancienne. Ils croient qu'un décret, qu'une loi s'érige naturellement en code de conduite.

Retrouver une fraternité perdue

L'abolitionnisme européen du XIX⁰ siècle est une doctrine fortement marquée par le christianisme et sa vision d'une maîtrise individuelle étayée sur la conscience morale. C'est le christianisme qui a le premier affirmé la fraternité des êtres humains, tous enfants de Dieu. Le meurtre commis par Caïn sur la personne de son frère est jugé impardonnable : « Le sang de ton frère (car, que tu le veuilles ou non, il est ton frère, dans la pensée de son créateur) crie contre toi du sein de la terre. » La fraternité partagée par tous les êtres humains constitue une condamnation de l'esclavage. « Mon frère, tu es mon esclave est une absurdité dans la bouche d'un chrétien », proclame en 1777 Jean-François Marmontel. Cependant, dès le IV⁰ siècle, l'esclavage est justifié par les Pères de l'Église qui invoquent la malédiction de Cham (appelé aussi Canaan). Dans la Bible, Cham est le plus jeune fils de Noé. Ce dernier s'étant enivré se dénude dans sa tente. Cham voit la nudité de son père que ses frères recouvrent d'un manteau en détournant les yeux. Noé maudit alors Cham pour l'avoir vu nu : « Qu'il soit pour ses frères le dernier des esclaves. » Selon cette fable, ses descendants auraient habité l'Afrique et seraient devenus des Noirs, poursuivis par la malédiction de leur ancêtre. « Cette nation porte sur le visage une malédiction temporelle, et est héritière de Cham, dont elle est descendue ; ainsi elle est née à l'esclavage de père en fils et à la servitude éternelle », lit-on dans la Genèse [4]. L'esclavage n'est donc pas « naturel » mais infligé en « juste imposition pour le pécheur ». Saint Augustin, dans *La Cité de Dieu*, déclare : « Ainsi la cause principale de l'esclavage, par lequel un homme est soumis à un autre, est le péché et un tel esclavage ne s'opère pas sans l'assentiment de Dieu, qu'on ne peut trouver injuste et qui sait proportionner les châtiments différents suivant les mérites de l'offenseur. » Les apôtres de l'esclavage s'emparent de cette doctrine chrétienne, citant Paul dans sa *Lettre aux Corinthiens* : « Que

---

4. Genèse, 9, 27. Sur la malédiction de Cham, voir Louis Sala-Molins, *Le Code Noir ou le calvaire de Canaan*, Paris, PUF, 1987.

chacun demeure dans l'état où l'a trouvé l'appel de Dieu. Étais-tu esclave lors de ton appel ? Ne t'en soucie pas. Et même si tu peux devenir libre, mets plutôt à profit ta condition d'esclave. » Pour les adversaires de l'esclavage cependant, le message biblique est aussi un message de révolte contre la servitude. Car Paul a aussi déclaré que tous les humains sont les enfants d'un même Dieu. Ainsi, aux États-Unis, des esclaves du Connecticut affirment en 1779 : « La raison et la Révélation se joignent pour déclarer que nous sommes les créatures de ce Dieu qui a fait d'un seul sang et d'une seule parenté toutes les nations de la terre[5]. » Au cours des siècles, l'Église catholique restera cependant très timide dans sa condamnation de la traite et de l'esclavage.

L'abolitionnisme s'inspire du discours de fraternité chrétienne et partage, avec les autres doctrines de l'époque, l'aspiration à une vie communautaire parfaitement réglée, assise sur des valeurs partagées. Au regard de cette idéologie, l'esclavage représente un ordre corrupteur, un problème moral qu'il convient de traiter avec des armes morales. L'abolition devient une cause humanitaire, et son accomplissement, la réalisation d'une loi supérieure. Aux yeux des abolitionnistes, l'appât du gain et la facilité avec laquelle les Blancs s'enrichissent aux colonies leur auraient fait oublier les valeurs propres à l'Europe. Il faut donc réintroduire ces valeurs, rééduquer la société esclavagiste afin d'en faire une colonie exemple. Dans la mesure où il érige en modèle des rapports humains des relations de domination, en véritable principe, une économie de prédation, en moyens de défense, la violence, le mensonge, la ruse et la dissimulation, en moyens de résistance à la violence et à la reproduction forcée, l'empoisonnement et l'avortement, l'esclavage révèle des tensions et des conflits sociaux excédant le domaine de la morale. Au fond, qu'est-ce que l'esclavage ?

Par commodité et par utilité, la propagande abolitionniste a décrit l'esclavage comme une monstruosité, une pure atrocité. Mais, par contrecoup, cette propagande réduit la vie des esclaves

---

5. Cité par Reynolds MICHEL dans « L'Église et l'esclavage », *Esclavage et colonisation*, île de La Réunion, CCT, 1998, pp. 13-39.

à la simple animalité. Or, les esclaves ont appris à négocier leurs conditions de travail, à contourner lois et règles, à défendre un espace privé, si réduit soit-il. L'esclavage est toujours un rapport de force admettant négociation, mais un rapport de force extrêmement instable et basé sur des termes variables à travers l'espace et le temps. C'est une relation qui ne saurait être réduite à l'affrontement maître-esclave. Gardons-nous de donner de la société esclavagiste une image sereine et mièvre ! Mais tâchons d'étudier l'esclavagisme comme l'une des formes des relations humaines, et non comme une aberration relevant du proto-humain, voire de l'inhumain. En posant l'esclavage en mal absolu, l'abolitionniste ne sait pas analyser ces tensions et ces négociations, comme il méconnaît les phénomènes de créolisation. L'abolitionnisme, qui est l'une des premières doctrines favorisant l'approche humanitaire, voit dans l'esclave une *victime* qui ne pourrait être l'agent de sa propre émancipation. Selon ce scénario conventionnel et simpliste, l'esclave peut se rebeller comme un enfant ou comme une brute, mais il ne peut en aucun cas prendre en main sa destinée. Sans l'intervention et sans l'évolution de groupes éclairés, la communauté esclavagisée, livrée à la corruption des tyrans locaux, ne saurait être libérée.

En somme, pour ceux qui sont asservis, l'abolitionnisme est porteur d'espoir, et c'est là sa force. En revanche, pour ceux qui en sont les tenants et les propagateurs, l'abolitionnisme est grevé d'espoirs car fondé sur des espoirs – et c'est là sa faiblesse. Si nobles qu'ils soient, les espoirs tendent en effet à ignorer les réalités qu'ils visent à dépasser. Une vision similaire de la résolution des conflits domine les mouvements américains, anglais et français. Les abolitionnistes privilégient les idées plutôt que les actions, les principes plutôt que la pratique. Animés d'une sincère volonté de réforme, ils sont convaincus que l'Europe et le monde occidental *doivent* se réformer et renoncer à des pratiques qui bafouent les valeurs ardemment défendues par l'Occident. Eux-mêmes croient si fortement à ces valeurs qu'ils estiment devoir en faire des valeurs universelles, susceptibles d'être adoptées par tous les peuples du monde et de fonder un univers où le libre commerce entre les hommes produirait harmonie et richesses. Souvent opposés à l'individualisme capitaliste, qui leur semble aussi corrupteur que l'esclavage, les abolitionnistes rêvent d'une société d'artisans et de petits propriétaires, d'un monde fondé sur l'entraide mutuelle, et non d'un univers industrialisé. Opposés au conservatisme traditionnel et rejetant la puissance ecclésiastique, ils ont foi dans le progrès et la science, l'éducation et la raison. Or cette foi dans le progrès et cette haine de l'exploitation patronale alimentera aussi certaines des ambitions colonisatrices de la République.

Abolir l'esclavage, c'est étendre aux colonies les grandes idées du progrès et de l'industrie, ainsi que celles, plus modestes, de l'amour du travail salarié et de l'épargne ; c'est aussi soutenir les grandes ambitions réformatrices qui visent à construire une société réconciliée où le travail constituera un accomplissement personnel. Pour emporter l'adhésion de l'opinion publique, l'abolitionnisme puise dans le registre des bons et nobles sentiments : celui de la pitié, de la raison et de la morale. L'abolitionnisme est l'une des premières grandes causes humanitaires. Il l'est à divers titres. Tout d'abord, il s'attaque à l'immoralité d'un système, et pas au nom de raisons politiques ou économiques. Il fait appel à la conscience morale de chacun, en l'invitant à regarder au fond de son cœur pour y trouver, comme le veut Kant, une loi morale universelle à laquelle se conformer ; il pousse donc chacun à transcender les lois instaurées par les États. Par là même, il va prendre l'ampleur d'un mouvement international. Cet appel à une loi suprême constitue en fait une laïcisation de la conscience religieuse. En faisant appel à l'imaginaire chrétien, le slogan « Ne suis-je pas un homme et donc ton frère ? » repris par tous les mouvements abolitionnistes et par toutes les couches de la société tisse les liens d'une communauté inédite. Mais une communauté de quel type ? Une communauté qui pour se vouloir fraternelle n'en est pas moins largement fantasmatique ; forcément fantasmatique car basée sur le déni de certaines réalités historiques et politico-économiques. Cette communauté d'égaux se veut sans frontières, comme l'a été la chrétienté des premiers âges, et sans doute plus encore. Cet élargissement de la communauté est obtenu grâce à une prodigieuse utilisation des moyens de propagande – en mettant à profit l'iconographie jusqu'alors utilisée à des fins essentiellement religieuses, renforcée par l'emploi de pamphlets, de pétitions et de témoignages personnels ou de biographies d'esclaves, et relayée par tout un réseau de correspondants doublant le réseau des congrégations religieuses. Tout autant par le fond de son argumentation, qui vise à dénoncer au vu et au su de tous des pratiques jugées contraires à la dignité humaine, que par l'extraordinaire efficacité déployée dans l'utilisation des divers moyens de propagande et de groupes de pression tant nationaux qu'internationaux, l'abolitionnisme est un mouvement foncièrement démocratique : il élargit la communauté des égaux en faisant appel à la conscience de chacun. Enfin, l'efficacité de ce mouvement se manifeste à travers la traduction pratique de ses exigences dans les législations nationales et internationales. Toutefois, en se situant à la fois sur le terrain de l'individualité et sur celui de la dénonciation, l'abolitionnisme pose les asservis en victimes et leurs libérateurs en héros ; ce double effet de victimisation et d'héroïsation pèsera lourdement sur l'avenir. Par tous ces aspects, l'abolitionnisme du XIXe siècle est un mouvement résolument moderne. Tout en s'inspirant des idéaux chrétiens, il les dépasse dans la mesure où il élargit la communauté des égaux indépendamment des croyances individuelles. Mais, en même temps, il reste captif de ces idéaux, car, en ignorant la spécificité de chacun, il ne s'élève pas au-dessus d'un esprit missionnaire.

À la question : « Qu'est-ce que l'esclavage ? », Proudhon répond : « C'est un meurtre. Asservir un homme, c'est le tuer. » Pour les sociétés qui expérimentent les transformations apportées par l'industrialisation et l'urbanisation, la métaphore de l'esclavage prend une nouvelle dimension. Au moment où la révolution industrielle exige une exploitation considérable des ouvriers, exploitation qui entraîne la naissance de mouvements réformistes et révolutionnaires, l'abolitionnisme offre un discours dénonçant l'asservissement.

Le pouvoir des puissants doit être impérativement limité et l'esclavage colonial est l'exemple même d'une forme d'asservissement sans bornes. En s'inspirant de cette phraséologie, les ouvriers dénoncent la volonté d'asservissement des patrons ; les féministes dénoncent l'« esclavage » domestique dans lequel le mariage maintient les femmes ; toute volonté de puissance est vue comme une volonté d'esclavagiser. L'abolitionnisme renoue avec la tradition médiévale de résistance à la propriété absolue qu'un être prétendrait exercer sur un autre. En France cependant, contrairement à l'Angleterre ou aux États-Unis, l'abolition de l'esclavage ne donne jamais lieu à une large mobilisation sociale. Si quelques associations ouvrières, quelques groupes féministes protestent contre l'esclavage dans les colonies, ce sont surtout les élites, protestantes, républicaines, libérales, qui se saisissent de cette cause. Déjà, lors de la Révolution française, le peuple ne s'était pas mobilisé contre l'esclavage. Il suffit de comparer le geste des habitants du petit village de Champagney qui ont demandé dans leurs cahiers de doléances la fin de l'esclavage aux cent deux pétitions abolitionnistes qui, en 1788, sont envoyées au Parlement anglais et aux 20 000 signatures (sur une population de 75 000 habitants) réunies en 1791 par Manchester, ville industrielle et grand port de la traite.

Ce contraste entre les attitudes des Anglais, des Américains et des Français ne remet pas en cause la sincérité et l'engagement des abolitionnistes français, mais il souligne un des traits de leur mouvement : il s'agit d'une cause humanitaire menée par une élite au nom de principes intangibles. Cette caractéristique donne à l'abolitionnisme français ce ton si particulier au républicanisme des colonies et pose les premiers jalons d'une politique d'assimilation. Si son ampleur n'est, et ne sera jamais, comparable à celle des mouvements abolitionniste anglais et américain, s'il n'est jamais millénariste et radical, l'abolitionnisme français partage avec ceux-ci une même approche morale. Hantés par le monde de la plantation, les abolitionnistes associent à un idéal d'émancipation les idéaux du devoir et de la subordination[6]. Ils préparent ainsi la voie à la destruction d'une société et d'une culture pré-industrielles et à la création d'une force ouvrière responsable et manipulable. Le contraste entre la société métropolitaine et la société coloniale de

---

6. David Brion DAVIS, *The Problem of Slavery in the Age of Revolution, 1770-1823*, Ithaca, Cornell University Press, 1975, pp. 461, 467.

la plantation sur lequel ils fondent leur doctrine a des conséquences idéologiques, particulièrement lorsqu'il s'agit d'instituer
le travail salarié en norme universelle et de trouver des structures
préservant un équilibre social. Sans être certes partisans des
nouvelles formes d'exploitation et de leurs inévitables conséquences – travail des enfants, paupérisme –, les abolitionnistes,
tout en s'efforçant d'adoucir les mœurs et de réduire les conflits,
se saisissent d'une cause humanitaire pour l'ériger en modèle de
réforme sociale. La morale supplante l'approche pragmatique qui
permettrait d'aborder les problèmes sociaux, les rapports de force
et leur résolution, ainsi que les questions de cohabitation et de
distribution des richesses.

Au siècle des abolitions, ce XIXᵉ siècle qui voit émerger de
nouvelles politiques impériales et une science de la hiérarchie des
races, le grand enjeu est de concilier progrès industriel et société
harmonieuse. En France, ceux qui font de l'abolition leur objectif
principal sont des républicains convaincus et sincères, des réformistes, souvent féministes, ayant foi en la raison, indignés par la
violence des rapports coloniaux, révoltés par l'avilissement des
esclaves. Selon leur credo, le sujet affranchi devient un être qui doit
apprendre la discipline et le goût du labeur, qui doit quitter le
collier de servitude pour accepter un contrat de travail, qui doit
enfin contribuer à l'édification d'un authentique projet colonial.
Pour bien saisir la noblesse de cette ambition, il faut dégager le
terme de « colonie » de toutes les connotations négatives dont il est
entaché de nos jours et se souvenir qu'à l'époque le terme traduit
une conception éminemment positive de l'organisation sociale vue
comme une entreprise de progrès, telle que peuvent la formuler
des utopistes comme Saint-Simon, Fournier, Mettray ou
Bentham. Une fois lavée du péché de l'esclavage, la colonie
deviendra l'espace idéal où s'accomplira le rêve immémorial de
l'harmonie sociale. L'esclavage a anéanti en l'individu toute capacité de se maîtriser, en encourageant « la peur, le concubinage, l'in-
fanticide », pour reprendre les termes de Victor Schœlcher.
L'abolition de l'esclavage abolira la paresse, la peur et l'irresponsa-
bilité. Le travail en atelier, la petite propriété, le respect de soi et de
la famille contribueraient à construire une société où régnerait la

concorde. Les abolitionnistes rejettent la violence de la société capitaliste comme ils rejettent la violence de la société esclavagiste. Ils soulignent qu'il est impossible de « détruire les vices de la servitude » sans abolir « la servitude elle-même[7] ». Dans la colonie sévit un régime où le maître se comporte en patriarche sadique, violent et tyrannique. Pour que puisse s'accomplir la colonisation républicaine, cette figure négative doit être effacée et supplantée par la figure bienveillante de la mère patrie. La pensée abolitionniste présente les facettes et les ambiguïtés qui vont définir sa problématique : non à l'esclavage, mais oui à la colonie. Le Noir peut être intégré à la société humaine pour peu qu'on lui inculque les valeurs de discipline et de travail ; la société peut être démantelée et réédifiée selon un modèle basé sur la Raison et le Progrès.

ABOLIR L'ESCLAVAGE POUR RÉGÉNÉRER LA NATION

À l'origine, le terme d'abolition relevait du vocabulaire juridique. Étymologiquement, le terme est attesté depuis Quintilien au sens juridique d'« interruption d'une poursuite criminelle commencée ». Tout d'abord réservé au droit pénal, il passe ensuite dans le vocabulaire religieux, lorsque le christianisme l'investit du sens religieux de « remise des péchés », d'« absolution ». Avant 1789 apparaît l'expression « lettres d'abolition » qui désigne la décision royale de soustraire un « délinquant à des poursuites commencées ou à la peine prononcée ». Ce n'est qu'au XIXᵉ siècle que le terme prend le sens plus général et plus abstrait de destruction. Les Français empruntent aux Anglais le terme d'« abolitionnisme » pour désigner la cause humanitaire de la lutte contre l'esclavagisme. Les termes d'esclavage et d'abolition deviennent ainsi intimement liés. Le terme même d'abolition implique une dimension symbolique qui ne peut que frapper l'imagination, en laissant entrevoir un monde où le passé se trouvera effacé, annulé. Le geste

---

7. Proclamation de la Société française pour l'abolition de l'esclavage, 30 août 1847. Document BnF.

d'abolir suppose un avant et un après. Il revient à effacer, à faire disparaître, à annuler une iniquité, un arbitraire pour mettre en place un régime d'égalité et de fraternité. La perspective de l'abolition de l'esclavage a un grand précédent historique dans la nuit du 4 août 1789, qui a marqué l'abolition des privilèges. L'arrogance des aristocrates a été anéantie d'un trait de plume. S'agit-il en 1848 de répéter ce geste, de marquer l'avènement aux colonies de la fraternité révolutionnaire, de mettre fin à l'arrogance de l'aristocratie coloniale ?

En 1848, les républicains rêvent d'abolir les antagonismes sociaux. L'abolition de l'esclavage ne doit-elle pas entraîner automatiquement une réconciliation des classes coloniales ? La devise des abolitionnistes (« Ne suis-je pas un homme et donc ton frère ? ») ne doit-elle pas suffire à convaincre maîtres et esclaves de vivre dans la fraternité[8] ? Mais aux colonies, le racisme, le régime de la plantation et le statut d'exception constituent autant d'obstacles à l'établissement de la liberté. Il s'agit d'intégrer des classes jugées non seulement dangereuses mais en outre inférieures. La notion d'abolition propage l'idée qu'un simple décret, appuyé de quelque détermination, suffirait à dissoudre un système complexe d'asservissement qui a trouvé de multiples expressions. Réduire en esclavage des Africains, des Malgaches et d'autres peuples a précédemment été justifié au nom d'une prétendue infériorité morale et psychique. Peut-on imaginer que les différences de race et de caste vont disparaître, que les affranchis vont être accueillis comme des égaux par celles et ceux qui ont fondé leur sentiment d'exister sur la conviction d'appartenir à une race supérieure ? La société unifiée rêvée par les Quarante-huitards se heurte dans les colonies au mépris des Blancs pour les Noirs, aux divisions entre affranchis et travailleurs engagés, et à la violence et l'inégalité qui ont fondé la société coloniale et qu'elles perpétuent. Car, il ne faut

---

8. Robert Wedderburn, prêcheur mulâtre abolitionniste, dénonce l'ambiguïté de ce slogan auquel il peut être aussi bien répondu « oui » que « non », en le reformulant de manière plus radicale : « Brother or No Brother. That Is the Question ? » Voir *The Horrors of Slavery and Other Writings of Robert Wedderburn*, Édimbourg, Iain McCalman (éd.), Edimbourg University Press, 1991.

pas l'oublier, si la République de 1848 met fin à l'esclavage, elle maintient le statut colonial et soumet ces colonies à un nouveau régime d'exception.

PHILOSOPHIE DES DROITS, ESCLAVAGISME ET ABOLITIONNISME

L'opposition à l'esclavage se développe lentement en Europe. Il est vrai que, dès 1676, des Quakers se prononcent contre l'esclavage mais il faut attendre le dernier quart du XVIIIᵉ siècle pour voir l'opposition anti-esclavagiste prendre de l'ampleur. C'est sous l'impulsion des mouvements populaires anti-despotiques et des philosophes des Lumières, qui affirment en Écosse, en Angleterre et en France le droit naturel des hommes à la liberté, que l'abolitionnisme émerge comme discours réformateur et révolutionnaire. Mais les principes de liberté et d'égalité sur lesquels se fonde l'âge des Lumières sont violés par le commerce des esclaves, auquel toutes les grandes puissances européennes participent. L'Angleterre est alors le plus grand marchand d'esclaves, devant l'Espagne et la France.

C'est contre cette conception politique et cette réalité économique que s'inscrit le juriste écossais George Wallace en décrétant que « les hommes et leur liberté ne sauraient faire l'objet d'un négoce[9] ». Farouchement opposé à la propriété privée, Wallace juge que tant que celle-ci ne sera pas supprimée, l'Utopie (la société utopique ou réformée) ne pourra être réalisée. Bien moins audacieux, et par là digne représentant de toute une frange de l'abolitionnisme du XVIIIᵉ siècle, Montesquieu dénonce simplement la traite tout en imaginant déjà d'imposer aux affranchis un programme disciplinaire avant de leur accorder réellement la liberté : « Il est vrai qu'il est quelquefois dangereux d'avoir trop d'indulgence pour eux, étant d'un naturel dur, intraitable et inca-

---

9. George WALLACE, *A System of the Principles of the Law of Scotland* (1760), cité par Robin BLACKBURN, *The Overthrow of Colonial Slavery, 1776-1848*, Londres, Verso, 1988, p. 50.

pable de se gagner par la douceur... un châtiment modéré les rend souples et les anime au travail. » Cette hypothèse avancée dans *L'Esprit des lois* montre bien qu'au-delà des turqueries imaginaires et au fond bien parisiennes des *Lettres persanes*, Montesquieu n'approche l'Autre que d'un point de vue rigoureusement utilitaire et intéressé. Il se fait en cela l'écho des nombreux intellectuels qui, au même siècle, face à l'argument du Mandarin, ne voient aucun inconvénient à assurer leur confort économique, fût-ce au prix de la tête d'autrui, pour peu que celui-ci soit suffisamment lointain, suffisamment étranger et en un mot suffisamment autre pour qu'ils n'aient pas à le voir souffrir. Il est bien évident que seul le « Nègre » remplit idéalement toutes ces conditions.

Des deux côtés de l'Atlantique, des voix s'élèvent contre le commerce négrier. En 1762, Anthony Bénezet, un quaker américain, s'appuie sur les récits concrets des voyageurs comme sur les arguments abstraits des philosophes pour démontrer la cruauté et l'immoralité de la traite. Les condamnations prononcées par Wallace et par Montesquieu sont réitérées par Louis de Jaucourt dans l'*Encyclopédie* de 1765 : « Tous les hommes ayant naturellement une égale liberté, on ne peut les dépouiller de cette liberté. » Cette idée de liberté naturelle dont jouissent tous les hommes se fonde sur l'hypothèse que le droit de propriété peut être étendu aux individus : « Les rois, les princes, les magistrats ne sont point les propriétaires de leurs sujets, ils ne sont donc pas en droit de disposer de leur liberté et de les vendre pour esclaves[10]. » L'individu dispose librement de son corps : cette liberté et cette propriété sont inaliénables. En arguant que le travail de l'esclave se révèle aussi coûteux qu'inefficace, les économistes politiques écossais comme les physiocrates français contribuent au discours antiesclavagiste. L'argument selon lequel le « travail asservi est coûteux en raison du fort taux de mortalité des esclaves et de leur faible taux de reproduction, d'une part, parce que le capital de leurs propriétaires repose de façon non productive sur le bétail humain

---

10. JAUCOURT, « Traite des Nègres », volume XVI de l'*Encyclopédie* (1765). Cité dans Edward DERBYSHIRE SEEBER, *Anti-Slavery Opinion in France During the Second Half of the Eighteenth Century*, New York, Burt Franklin, 1971 (1ʳᵉ éd., 1937), p. 62.

et, d'autre part, parce que l'esclave n'est pas motivé pour travailler » trouve un écho des deux côtés de l'Atlantique[11]. Dans les années 1750 et 1760, Benjamin Franklin à Philadelphie, Mirabeau à Paris, David Hume à Glasgow, Felix de Arrate à La Havane se prononcent tous contre le système esclavagiste. Les remarques d'Adam Smith sur l'inefficacité économique du travail servile, dans son ouvrage *La Richesse des nations* (1776), ont une grande influence sur l'élite anglaise[12].

Dans les années 1780 et 1790, en Angleterre et aux États-Unis, l'abolitionnisme repose sur l'idée que Dieu châtie ou récompense les nations, comme l'atteste l'histoire (du moins selon la lecture qui en est alors donnée). Dans cette optique de justice distributive, l'esclavage représente un châtiment qui ne peut qu'en entraîner d'autres. Dans son pamphlet *On the Law of Nature and Principal Action in Man* (1776), l'abolitionniste anglais Granville Sharp donne à la cause anti-esclavagiste deux de ses arguments principaux[13]. L'homme doit obéir à Dieu afin de déterminer l'attitude la plus conforme à la raison. Toute transgression de cette loi entraîne un châtiment divin. Faute de se plier à la règle commune, les propriétaires d'esclaves attirent sur eux la colère divine, car ils ne sauraient posséder des êtres humains sans empiéter sur les privilèges divins[14]. Un chrétien ne saurait donc posséder des esclaves sans désobéir à son Dieu. Le mouvement protestant, qui

---

11. BLACKBURN, *op. cit.*

12. Edmund Burke parlera de l'ouvrage de Smith comme « sans aucun doute, le livre le plus important jamais écrit ».

13. Voir aussi Granville SHARP, *The Law of Liberty or Royal Law by Which All Mankind Will Certainly Be Judged* (1776).

14. Voir : Chrisrine BOLT et Seymour DRESCHER (éd.), *Anti-Slavery, Religion and Reform*, Londres, Folkestone and Dawson, 1980 ; David Brion DAVIS, *The Problem of Slavery in Western Culture*, Oxford, Oxford University Press, 1988 ; Betty FLADELAND, *Abolitionists and Working-Class Problems in the Age of Industrialization*, Londres, MacMillan, 1984 ; Edith F. HURWITZ, *Politics and Public Conscience. Slave Emancipation and the Abolitionist Movement in Britain*, Londres, George Allen & Unwin Ltd., 1973 ; Howard TEMPERLEY, *British Anti-Slavery, 1833-1870*, Londres, Longman, 1972 ; David TURLEY, *The Culture of English Anti-Slavery, 1780-1860*, Londres, Routledge, 1991 ; James WALVIN (éd.), *Slavery and British Society, 1776-1846*, Londres, MacMillan, 1982.

repose sur une remise en cause radicale de toute hiérarchie et sur l'importance de la conscience individuelle, fournit au mouvement abolitionniste anglais et américain nombre de ses arguments. Les quakers, dont certains se sont enrichis grâce à la traite, militent pour instaurer un « nouvel ordre social où le commerce et l'accumulation des richesses seraient conciliables avec les exigences de la morale[15] ». Dès 1783, lors d'un *meeting for suffering* (réunion religieuse où chacun devait partager ses souffrances et celles de l'humanité avec le reste de la communauté) un groupe de quakers londoniens crée le premier « Comité pour l'Abolition ». Baptistes, dissenters, quakers partagent la même vision de l'être humain, selon eux gouverné par des lois naturelles qui régissent ses actions. Selon le philosophe William Paley, dont le traité de philosophie morale publié en 1785 devient le credo des cours d'éthique dispensés à Cambridge, les droits naturels de l'homme sont la jouissance de la « vie, de son corps et de la liberté ; la jouissance du produit de son labeur ; et la jouissance de l'air, de la lumière et de l'eau qu'il partage avec les autres hommes ». Or l'esclavage et la traite portent atteinte à ces droits. En 1787 est fondée l'Abolition Society. Le poète John Wesley, fondateur de l'Église méthodiste, écrit dans ses *Thoughts Upon Slavery* : « Toute créature humaine a droit à la liberté dès son premier souffle [...] Je nie totalement que la propriété d'esclaves puisse être conciliable avec un quelconque aspect du droit naturel. » Dû à l'industriel humaniste Josiah Wedgwood, l'emblème de l'abolitionnisme européen représente un Noir enchaîné et à genoux s'écriant : « Ne suis-je pas un homme et donc ton frère ? » Reproduite sur la couverture des pamphlets abolitionnistes, sur des estampes, jusque sur des tasses et des assiettes, cette vignette bénéficie d'une diffusion massive. Afin de présenter l'esclave noir comme un frère, ou du moins comme un individu digne d'en devenir un, la propagande du mouvement abolitionniste force tous les traits, contribuant à dénoncer le martyre des esclaves et la cruauté inhumaine des maîtres. Certes, divers soulèvements d'esclaves et divers excès de violence sont parfois venus contredire cette image idéalisée. Mais,

---

15. Blackburn, *op. cit.*, p. 137.

loin de paraître menaçant, l'esclave implorant de la vignette en appelle à la pitié, à la charité et à la solidarité de tous. Ainsi figuré, il peut accéder au statut idéal de frère.

De 1788 à 1791, des centaines de pétitions portant parfois des milliers de signatures sont adressées au Parlement anglais. L'Angleterre réformiste se donne l'image d'un pays où nul se saurait être esclave[16]. La condamnation de l'esclavage représente un des aspects de la critique globale d'une société non démocratique faisant obstacle au libre commerce et violant les droits de la famille humaine. Les pétitions et les résolutions reprennent les mêmes arguments : la traite et l'esclavage font obstacle au libre développement du commerce ; ils sont une insulte à la doctrine chrétienne et le signe d'une société non démocratique. L'identité nationale anglaise est associée à une conception de la liberté conforme au droit naturel et les abolitionnistes tablent sur cette association. « L'exercice de la Traite ne peut qu'encourager et favoriser les usages vicieux qui existent en Afrique et faire obstacle au commerce avec ses habitants ainsi qu'au progrès de leur caractère moral et de leur condition », proclame la résolution du conseil de la ville de Carlisle en 1792. Participer à la traite, ce commerce « contraire à l'expérience commune de l'humanité et [qui] insulte les lois de la nature », constitue une « disgrâce nationale » (pétition de Birmingham, février 1792)[17]. Dès 1791, près de 13 % de la population masculine (car seuls les hommes peuvent signer les pétitions) de l'Angleterre, de l'Écosse et du pays de Galles réunis ont signé des pétitions anti-esclavagistes. Le poème de Thomas Day, *The Dying Negro* (1773) dédié à Jean-Jacques Rousseau, met en scène la justice divine qui frappera les sociétés esclavagistes : « Votre tonnerre frappe un univers coupable / Mais le moment viendra, l'heure fatale est proche / Où le sang innocent envahira le

---

16. « *England was too pure an Air for Slaves to Breathe in* », déclarait William Dary en 1772.

17. De même : « C'est l'antithèse même de ce que chérit le Britannique, l'amour naturel de la liberté » (pétition de Plymouth, 1788). « N'ayons pas peur de soutenir la cause des Nègres », écrit le *Newark Herald* en 1792, « car c'est la cause de la compassion, c'est la cause de notre pays. »

ciel… / Car l'Afrique triomphe. Ni les larmes, ni le sang / Ne pourront apaiser sa rage vengeresse. »

L'élargissement de la démocratie est conçu comme allant de pair avec un adoucissement des mœurs et l'intégration d'une éthique des sentiments dans le registre politique. Le discours politique intègre l'identification à l'Autre, opprimé et malheureux. L'abolitionnisme fait entendre la plainte de l'esclave à qui il prête les qualités alors célébrées : douceur naturelle, proximité avec la nature, noblesse des sentiments. Dès les années 1770, un consensus s'est formé autour de deux idées : l'esclavage bafoue la loi naturelle et contrarie la bienveillance instinctive et spontanée des humains entre eux. Comme le souligne l'historien anglais Robin Blackburn, ce mouvement répond à diverses attentes. En présentant son combat comme une cause essentiellement morale, l'abolitionnisme parlementaire cherche à contenir des aspirations démocratiques plus radicales. Pour un Granville Sharp, grand théoricien de l'abolitionnisme, ou un Olaudah Equiano, auteur de la première autobiographie d'esclave imprimée, l'abolitionnisme représente d'abord la critique d'un commerce et d'une forme de colonisation. En revanche, dans une ville comme Manchester, l'abolitionnisme traduit un désir de réforme sociale et de critique de l'oligarchie.

En France, le premier décret d'abolition de l'esclavage en 1794 repose sur l'argument du droit naturel qui voit en tout être humain un être libre[18]. Les révolutionnaires veulent d'abord abolir la traite, dans l'espoir de contraindre les maîtres à améliorer les conditions de vie et de travail des esclaves. Comme aux États-Unis et en Angleterre, les révolutionnaires se partagent entre « gradualistes », partisans d'une émancipation par étapes, et « immédiatistes », partisans d'une émancipation totale et immédiate[19]. Les

---

18. Voir Yves BENOT, *La Révolution française et la fin des colonies*, Paris, La Découverte, 1987.

19. Sur l'émergence de l'« immédiatisme », voir David Brion DAVIS, « The Emergence of Immediatism in Bristish and American Antislavery Thought », in *From Homicide to Slavery : Studies in American Culture*, Oxford, Oxford University Press, 1986, pp. 238-257. Voir aussi le pamphlet publié en 1824 par la quaker Heyrick,

avis divergent quant au statut à accorder aux colonies. Ainsi coexistent plusieurs types d'abolitionnismes. Certains, plus radicaux, s'attaquent au principe même de la propriété privée et voient dans l'esclavage l'ultime expression de la tyrannie ; d'autres, plus modérés, estiment que des mesures progressives qui ne mettent pas en cause la propriété privée favoriseront un regain de moralité au sein de l'État[20]. La Société des amis des Noirs exprime la position ambivalente partagée par la majorité des abolitionnistes : « Nous croyons que tous les hommes naissent libres et égaux en droits… Mais nous croyons aussi qu'affranchir subitement les esclaves noirs serait une opération non seulement fatale pour les colonies mais que dans l'état d'abjection et de nullité où la cupidité a rendu les Noirs… ce serait abandonner à eux-mêmes, et sans secours, des enfants au berceau, ou des êtres mutilés et impuissants. » Aux colonies, la réponse des esclaves à l'annonce de leur émancipation s'exprime de diverses façons. En Guadeloupe, un soulèvement d'esclaves se solde par une victoire ; à la Martinique, l'esclavage est réinstitué par les Anglais qui se sont emparés de l'île ; à Bourbon (La Réunion) et à l'île de France (île Maurice), les commissaires de la République qui apportent le décret d'abolition sont chassés[21]. La Révolution haïtienne constitue cependant un tournant. Elle va désormais hanter les maîtres et offrir aux esclaves un exemple, un modèle, un espoir.

Elizabeth COLTMAN, *Immediate, Not Gradual Abolition ; or, An Inquiry into the Shortest, Safest, and Most Effectual Means of Getting Rid of West Indian Slavery*, Londres, Hatchard & Sons, 1824.

20. Voir Pierre BOULLE, « In Defense of Slavery : Eighteenth Century Opposition to Abolition and the Origins of Racist Ideology in France », dans Frederick KRANTZ (éd.), *History from Below*, Oxford, Oxford University Press, 1988 ; Yvan DEBBASCH, *Couleur et liberté : le jeu du critère ethnique dans un ordre juridique esclavagiste*, t. I, *L'Affranchi dans les possessions françaises de la Caraïbe (1635-1833)*, Paris, Dalloz, 1967.

21. Claude WANQUET, *La France et la première abolition de l'esclavage, 1794-1802. Le cas des colonies orientales, île de France et La Réunion*, Paris, Karthala, 1998.

D'UNE POLITIQUE DES SENTIMENTS
À UNE POLITIQUE SENTIMENTALE.
LITTÉRATURE, ARTS ET ESCLAVAGE

En Angleterre, au XVIIIe siècle, les qualités de modération, de tolérance, de décence deviennent celles d'une classe éclairée et urbaine, opposée à la brutalité du monde rural et féodal. Pour la bourgeoisie, ces qualités d'abord cultivées au sein de la famille doivent s'étendre à toute la société. L'industrialisation offre non seulement des méthodes d'organisation de travail plus efficaces que les méthodes précapitalistes, mais aussi l'occasion d'appliquer des idées progressistes et humanistes au monde du travail. Ainsi, en Angleterre, les industriels Josiah Wedgwood et Matthew Boulton font de leurs usines une vitrine de leur doctrine : des usines où la discipline et l'organisation du travail reposent sur le modèle familial.

La transformation des mentalités dans la société anglaise favorise l'émergence de mouvements où domine le discours des sentiments : cette compassion qui embrasse toutes les créatures vivantes, des pauvres aux animaux, ménage bien entendu une place aux esclaves. La démocratisation de la vie politique donne à ces mouvements de nouveaux moyens de propagande : journaux, pétitions, assemblées locales, guildes, universités, églises mais aussi comités locaux et autonomes. L'émergence d'une société de consommation et l'essor de l'alphabétisation donnent à l'abolitionnisme d'autres moyens de faire connaître ses idées. La stratégie des comités abolitionnistes s'adapte à cette nouvelle donne. Le comité de Londres publie de nombreux pamphlets qu'il distribue massivement et à très bas prix. L'essor du livre et de la presse comme la lecture publique des journaux suscitent de nouvelles pratiques culturelles et sociales. Autour du texte écrit se constituent de nouvelles communautés, qui partagent une identité et aspirent à participer plus activement à la vie politique. Le comité de Plymouth distribue gratuitement en 1788 1 500 copies du schéma des cales du *Brooks,* bateau négrier où s'entassent des esclaves, schéma qui devient l'une des plus formidables armes du mouvement abolitionniste. Le dessin satirique, popularisé par William Hogarth et désormais « décoration favorite des maisons de la classe moyenne », prend l'esclavage pour cible[22]. En 1788, la Royal Academy expose le tableau de George Morland, *Execrable Human Traffic*, qui dépeint un des thèmes favoris de l'abolitionnisme : la séparation forcée des familles. L'année suivante, Morland expose *African Hospitality*, qui célèbre l'unité de la famille humaine : une famille blanche victime d'un naufrage sur les côtes de l'Afrique est recueillie par une famille noire. Ainsi émerge un véritable marché de l'humanitaire. Le soutien au mouvement abolitionniste anglais vient des classes moyennes urbaines et provinciales, où les hommes occupent les fonctions dirigeantes. Les femmes sont cependant très actives, notamment dans le boycott du sucre des Antilles. Olaudah Equiano, Ottobah Cugoanao[23], et d'autres Noirs qui forment l'association Sons of Africa participent aux réunions contre l'esclavage.

La littérature anti-esclavagiste fait appel aux sentiments de charité, de sympathie et de pitié. Elle met en scène la douleur de la mère esclave séparée de son enfant, la solitude de l'homme asservi arraché à sa terre, et cherche à éveiller chez le lecteur européen compassion et honte. Compassion pour un autre être humain, honte de sa société qui piétine les sentiments les plus naturels. L'un des artifices les plus communément utilisés est de s'adresser directement au lecteur en interrompant le récit. Pour apostropher le lecteur ou le spectateur, l'auteur puise dans le registre du vocabulaire chrétien, celui de l'amour du prochain.

---

22. Voir J. R. OLDFIELD, *Popular Politics and British Anti-Slavery. The Mobilisation of Public Opinion Against the Slave Trade, 1787-1807*, Manchester, University of Manchester Press, 1995 ; J. H. PLUMB, « The Public Literature and the Arts in the Eighteenth Century », dans Paul FRITZ et David WILLIAMS (éd.), *The Triumph of Culture : Eighteenth Century Perspectives*, Toronto, A. M. Hakkert, 1972.

23. Auteur de *Thoughts and Sentiments on the Evil and Wicked Traffic of the Slavery and Commerce of the Human Species* (1787). Sur la vie des Noirs en Angleterre, voir : Peter FRYER, *Staying Power : The History of Black People in Britain*, Londres, Pluto Press, 1984 ; Gretchen Holbrook GERZINA, *Black London. Life Before Emancipation*, New Brunswick, Rutgers University Press, 1995.

Dans la France du XVIIIe siècle, toutes sortes d'écrits (récits de voyages, poèmes, pièces de théâtre et romans) viennent appuyer la cause anti-esclavagiste. Le roman d'Aphra Behn, *Oroonoko ou l'esclave royal*, dont la première traduction d'anglais en français paraît en 1745 et qui devient l'un des neuf ouvrages étrangers les plus lus en France, influence de façon durable la littérature dite « négrophile ». L'idéalisation des peuples primitifs, qui seraient naturellement enclins à la poésie et à l'éloquence, l'exaltation de leurs coutumes et la dénonciation des traitements qui leur sont infligés dans les colonies constituent dès lors les thèmes obligés de la littérature anti-esclavagiste[24]. Bernardin de Saint-Pierre, dont le roman *Paul et Virginie* (1788) connaît un formidable et durable succès, s'écrie en 1784 : « Ah ! si la liberté et la vertu en avaient rassemblé les premiers cultivateurs, que de charmes l'industrie française eût ajoutés à la fécondité du sol et à l'heureuse température des tropiques[25] ! »

La littérature révolutionnaire contribue à donner une image édifiante du Noir, être d'une grande noblesse naturelle. Tel en est le scénario typique, toujours assez sommaire : dans quelque île lointaine, Noirs et Blancs bâtissent une société utopique. À la faveur d'une réconciliation des races, les sentiments naturels de bonté, d'amour, de concorde finissent par triompher en une pastorale. La pièce d'Olympe de Gouges, *Zamore et Mirza ou l'heureux naufrage* (1786), met en scène une compréhension immédiate et spontanée entre une esclave noire et une Blanche. Alors que Mirza et Zamore, deux esclaves fugitifs, discutent sur une plage des horreurs de leur condition, Zamore se jette à l'eau pour sauver de la noyade une jeune Blanche débarquant d'un navire. Devant Sophie, la jeune femme sauvée, Mirza s'exclame : « Les Françaises sont-elles toutes aussi belles que vous ? Elles doivent l'être, car les Français sont tous bons, et vous n'êtes pas esclaves », à quoi Valère, époux de la jeune femme blanche répond : « Non, tous les Français voient avec horreur l'esclavage.

---

24. Edward Derbyshire SEEBER, *Anti-Slavery Opinion in France During the Second Half of the Eighteenth Century*, New York, Burt Franklin, 1971 (1re éd., 1937).

25. Bernardin DE SAINT-PIERRE, *Études de la Nature*, Paris, Didot, 1784.

Plus libres un jour, ils s'occuperont d'adoucir votre sort. » Mirza et Valère sont amenés devant le gouverneur de l'île qui, reconnaissant en Sophie sa fille, libère les esclaves. Dans le roman de La Vallée, *Le Nègre comme il y a peu de Blancs* (1789), les Blancs renoncent « au luxe, au jeu, à l'oisiveté », et les Nègres apprennent « le calme, la concorde, la douceur, la fertilité, l'abondance, l'amour de Dieu, enfin le bonheur ». Ainsi, « dans un coin du monde, l'âge d'or reparaît un moment ». Mme de Staël et André Chénier publient des romans et des poèmes anti-esclavagistes, tous empreints d'un vif sentimentalisme. Mais, entre-temps, les violences de la Révolution haïtienne sont venues frapper l'imagination des Européens. L'esclave victimisé, idéalisé, et neutralisé par l'imagerie conventionnelle de l'abolitionnisme s'est soudain mué en rebelle assoiffé de sang, dans les soulèvements réels. Seul le personnage de Toussaint Louverture, chef de la Révolution haïtienne, échappe à ce stéréotype et devient un héros de la littérature romantique. Toussaint Louverture peut être idéalisé par le monde européen ; il a montré des qualités de chef, s'est opposé au massacre des Blancs, a célébré les vertus de la Révolution française, et a été emprisonné par le tyran Napoléon. Désormais opposé à ceux qui lui ont succédé, tel Dessalines, figure sanglante éveillant tous les cauchemars de l'Europe, Toussaint Louverture est chanté par des poètes tels que Lamartine, Kleist et William Wordsworth. Ce dernier, dans un sonnet publié le 2 février 1803 dans le *Morning Post*, s'écrie :

> Toussaint, toi le premier élu par le malheur !
> Parviens-tu à saisir le chant du laboureur
> Qui pousse sa charrue ou bien plus aucun son
> Descendra-t-il jamais au fond de ta prison ?
> Où et comment puiser des trésors de patience ?
> Pourtant il ne faut pas mourir. Ô ! pauvre héros
> Tu te dois, sous les fers, conserver le front haut.
> Tu es tombé, c'est vrai, et sans plus d'espérance
> Mais prends courage, et vis ! D'autres forces derrière
> Sont à l'œuvre pour toi. Les étoiles et la terre
> Et le souffle du vent se souviendront toujours.
> Tes alliés sont puissants. Et tes amis se nomment :

L'allégresse de cœur et l'angoisse et l'amour.
Ils escortent l'esprit indomptable d'un homme[26].

La contre-révolution, la Révolution haïtienne, la conviction que la France doit garder ses colonies, l'anglophobie qui fait de l'abolitionnisme une doctrine de « l'étranger », les difficultés politiques internes, l'aventure impériale font reculer la cause anti-esclavagiste. En 1804, l'esclavage est rétabli dans les colonies françaises. Mais le Noir demeure l'un des personnages essentiels d'un romantisme antimoderne et anticapitaliste. Qu'il soit dépeint comme un être noble et mélancolique, vertueux et courageux, ou comme un individu rebelle et insoumis, dissolu et rusé, le Noir n'est jamais que l'envers de l'Européen. Envers positif ou négatif, mais toujours simple envers, il va représenter la figure radicale de l'altérité.

En France ne paraît aucun récit d'esclave comparable à l'autobiographie d'Olaudah Equiano, publiée à Londres en 1789, au *Narrative of the Life of Frederick Douglass, an American Slave, Written by Himself* (1845) de Frederick Douglass, également auteur de *My Bondage and My Freedom* (1855), ou aux *Incidents in the Life of a Slave Girl* (États-Unis, 1861) d'Harriet Jacobs – tout témoignage dont l'apport est décisif pour rallier les sentiments et les suffrages en faveur de l'abolitionnisme. Au XIXᵉ siècle, en France, la propagande abolitionniste dénonce la violence contre l'esclave. Mais elle la figure différemment : de façon sinon abstraite, du moins non individualisée, à travers des corps sans nom, sans singularité. Aussi M. Rouvellat de Cussac, ancien conseiller aux cours royales de la Guadeloupe et de la Martinique, appelle-t-il ses lecteurs à faire usage de leur imagination :

> Si vous ne pouvez pénétrer dans les geôles, prêtez l'oreille le long de leurs murailles. Comme on s'est aperçu que le bruit du fouet était décélateur, vous ne l'entendrez pas toujours claquer, mais des cris et des gémissements frapperont votre oreille. Si vous entrez dans ce lieu de douleur, vous y verrez de malheureux esclaves de tout sexe et de tout âge, et même des mères avec leurs enfants à la mamelle, qui

---

26. Extrait de *L'Abolition de l'esclavage. Un combat pour les droits de l'homme*, Bruxelles, Éditions Complexe, 1998, p. 84.

croupissent en prison, par le seul effet de la volonté de leurs maîtres. Parcourez les villes, et vous rencontrerez dans les rues la hideuse chaîne de police, où des hommes vieux et jeunes, la femme âgée et la jeune fille, sont ignominieusement attachés, et souvent pour de forts légers manquements. Plongez vos regards dans certaines maisons, vous y verrez des servantes avec des fers aux pieds, et des enfants qui traînent des chaînes[27].

Fautes de témoignages autobiographiques, celui qui se fait l'avocat de la cause anti-esclavagiste doit rendre ses descriptions aussi poignantes et pathétiques que possible.

Comment se fait-il que l'on ne dispose guère en langue française que de témoignages d'observateurs abolitionnistes, sertis comme autant de clous dans la littérature de propagande ? Le prototype en est *Le Voyage à l'île de France* de Bernardin de Saint-Pierre. Si les voix indigènes qui s'élèvent pour témoigner des conditions mêmes de l'esclavage sont rares, c'est que les bouches d'esclaves étaient muselées par un bâillon bien plus efficace que le mors : l'analphabétisme. Si des voix d'esclaves montent des colonies anglaises, c'est parce quelques-unes des congrégations protestantes encouragent l'accès aux Saintes Écritures et favorisent par là même l'alphabétisation d'une minorité, certes, mais qui saura consigner par écrit les crimes de l'esclavage.

Les annales révélant les abus et les actes de violence perpétrés par les maîtres témoignent d'une démesure, d'un excès traduisant autre chose que la simple nécessité de se faire obéir. Dans les récits d'esclaves, dans ces tableaux vivants de la misère, la violence exercée saisit le lecteur, qui se demande quelles relations pouvaient se construire sur de tels fondements. Ces récits attestent une véritable passion de la violence : il ne suffit pas de frapper, de battre, de fouetter jusqu'au sang l'esclave, encore faut-il frotter ses plaies de piment ou de poudre de fusil. Le récit de tels excès est confirmé dans les biographies et les témoignages d'esclaves publiés aux États-Unis et en Angleterre. Le récit de Mary Prince, esclave des

_____

27. *Situation des esclaves dans les colonies françaises. Urgence de leur émancipation*, Paris, Paguerre, 1845.

Antilles anglaises, publié à Londres en 1831, donne à voir l'image non idéalisée de l'excès de brutalité des maîtres. À douze ans, vendue par son maître, séparée de sa mère et de ses sœurs, Mary Prince est envoyée chez de nouveaux maîtres où elle reçoit ses instructions de sa maîtresse. « Elle m'a appris beaucoup plus de choses encore, comment les oublier jamais ? Grâce à elle, je connais la différence exacte entre la brûlure d'une corde, d'une cravache ou d'une lanière de cuir appliquée de sa main cruelle sur mon corps nu. Et ce n'était qu'un châtiment guère plus redoutable que les méchants coups de poing qu'elle m'assénait sur la tête et le visage[28]. » Mary Prince brosse le portrait d'une harpie blanche emportée par sa furie, qui l'accable de coups et d'insultes, et à laquelle elle finit par échapper alors qu'elle est en Angleterre pour se réfugier auprès d'abolitionnistes. Ce récit corrobore de nombreux témoignages d'esclaves. Loin de favoriser l'affection et le paternalisme, comme l'a prétendu une littérature sentimentale, la proximité avec les maîtres génère des relations empreintes de cruauté, de méfiance, de peur et de rancœur. Dans les champs, le maître assiste souvent aux châtiments d'ordre corporel, tel celui qui, comme le rapporte Schœlcher, « allumait son *bout* (long cigare du pays) au moment où il ordonnait une flagellation et tant que le cigare durait, le fouet cinglait ». Dans son autobiographie, Frederick Douglass raconte comment, lui qui ne montrait pas les qualités attendues d'un bon esclave, il fut envoyé chez M. Covey, un *slave-breaker* professionnel, qui se faisait fort de briser toute velléité de révolte chez un être humain. Douglass fut battu sans répit pendant six mois : « Il nous faisait travailler par tous les temps. Il ne faisait jamais trop chaud ou trop froid ; il ne pleuvait, ne ventait, ne neigeait ou ne grêlait jamais trop fort pour que nous n'allions pas dans les champs. Travailler, travailler, travailler [...]. M. Covey réussit à me *briser*, dans mon corps, mon âme et mon esprit. » Douglass décrit l'effet d'une constante violence : « Je suis

---

28. *The History of Mary Prince, A West Indian Slave (Related by Herself)*, Londres, 1831. Republié dans *Six Women's Slave Narratives*, New York, Oxford University Press, 1988, pp. 1-44, ici p. 6 ; trad. fr., *La Véritable histoire de Mary Prince*, Paris, Albin Michel, 2000, pp. 21-22.

un esclave – et un esclave pour la vie – un esclave qui ne peut raisonnablement espérer la liberté[29]. »

Les abolitionnistes expliquent l'attitude des maîtres par la perte de la raison, par la corruption des valeurs. Certains, dont Emerson, brossent un portrait psychologique des maîtres dont l'attitude révèle l'« amour du pouvoir, la volupté de posséder un être humain sous son contrôle absolu ». Emerson les compare aux enfants gâtés qui « semblent mesurer leur propre sentiment de bien-être non pas à ce qu'ils font mais au degré de réaction qu'ils causent ». Le planteur, devenu « enfant gâté par ses habitudes », a besoin de l'« excitation provoquée en tourmentant l'esclave[30] ». Dans son ouvrage *De l'esclavage des Noirs, et de la législation coloniale* (1833), Schœlcher voit dans le pouvoir illimité laissé aux maîtres l'origine de leur violence :

> Gâté par le séjour des habitations, dominé par l'intérêt personnel, et vivant sous l'empire des principes coloniaux, le colon ne peut apprécier l'homme noir. Mais pourquoi s'étonnerait-on de voir même un voyageur indifférent devenir aux colonies partisan de l'esclavage ? Sitôt qu'il arrive, il est lancé au milieu des Blancs ; il n'entend et, pour ainsi dire, ne voit qu'eux ; on s'empare de lui, et on le force à rougir de sa compassion, en lui montrant les Noirs, faits depuis des siècles au joug qui les brise, acceptant sans colère l'humiliation et les souffrances. Il est bientôt converti...

L'abolitionnisme renouvelle la littérature des sentiments. Par là, il inaugure une politique des sentiments qui tranche avec la froide rationalité prévalant jusqu'alors. Cette nouvelle politique se veut critique de l'ancienne qui se justifiait au nom d'intérêts égoïstes. Elle défend l'altruisme et développe un discours d'identification à l'Autre. Cependant, le glissement entre bons senti-

---

29. *Narrative of the Life of Frederick Douglass, An American Slave, Written by Himself,* New York, W. W. Norton & Cie, 1997.

30. Ralph Waldo EMERSON, « An Address... On... the Emancipation of the Negroes in the British West Indies. 1 August 1844 », dans *Emerson's Anti-Slavery Writings,* Len GOUGEON et Joel MYERSON (éd.), New Haven, Yale University Press, 1995, pp. 17-18.

ments et sentimentalisme ne peut pas toujours être évité et la littérature abolitionniste établit la souffrance comme mesure de vertu sociale.

Au XIXᵉ siècle, la problématique de *La Case de l'oncle Tom* (1851) va profondément marquer la littérature anti-esclavagiste. Les productions de la littérature abolitionniste française, *Bug Jargal* de Victor Hugo (1818), *Tamango* de Prosper Mérimée (1829), *Georges* d'Alexandre Dumas (1843), *Les Marrons* de Louis Timogène Houat (1843), sont loin d'atteindre le pathos grandiose et christique de *La Case de l'oncle Tom* d'Harriet Beecher Stowe. *Bug Jargal* a sans doute l'excuse d'avoir été écrit par Hugo alors que ce dernier n'avait guère que seize ans. L'intrigue, assez conventionnelle, se déroule à Saint-Domingue. L'esclave Bug Jargal est amoureux de la blanche Marie, promise à son cousin, Léopold d'Auverney. De sang royal, Bug Jargal est noble, courageux, loyal, et montre des qualités de chef. À la tête d'un groupe d'esclaves, lors de la révolte de 1790, il fait preuve de magnanimité envers les Blancs et de bonté envers ses propres hommes, à la différence des autres chefs rebelles. Bug Jargal arrache Marie aux mains de Noirs violeurs et avides de sang. Léopold est capturé par Biassou, parfait contretype de Bug Jargal, car fourbe, cruel, haineux et plein de mépris pour ses propres hommes[31]. À l'exception de Bug Jargal, les esclaves rebelles ont tous tendance à être barbares, lâches, crédules, à la merci des sorciers vaudous qui profanent l'Église, préférant le rhum au combat, et se montrent aisément impressionnés par le clinquant factice des uniformes (traits que l'on retrouve chez les esclaves rebelles dans *Georges*). Après avoir tiré Léopold des griffes de Biassou, Bug Jargal est tué. Marie mourra dans l'incendie du Cap et Auverney rejoindra les armées révolutionnaires en Europe, où il mourra. Personnage romantique et mélancolique, affligé d'un amour sans espoir, Bug Jargal aspire à la mort. Certes, Bug Jargal pourfend l'esclavage. À Léopold, qui ne comprend rien à ce qui l'entoure, il brosse un

---

31. Victor Hugo s'inspire-t-il de la dichotomie instaurée par les Européens entre Toussaint et Dessalines ?

tableau de l'horreur de l'esclavage. Mais, découragé par la cruauté spontanée de ses frères de race, il s'écrie : « Pourquoi ces massacres qui contraignent les Blancs à la férocité ? […] Croyez-moi, Biassou, les Blancs sont moins cruels que nous. J'ai vu beaucoup de planteurs défendre les jours de leur esclave. » L'esclave noble doit mourir ou s'exiler. Sa mort ou son exil permettent de clore un récit qui ne saurait montrer un esclave libre et heureux.

Dans *Georges*, qui est loin d'être un des meilleurs romans de Dumas, l'action se passe à l'île de France. Georges, mulâtre dont le frère aîné est négrier, revient dans son île pour reprendre la plantation de son père. Parce qu'il est mulâtre, il se voit refuser la main de Sara de Malmédie, dont il est amoureux. Humilié, ivre de vengeance, il prend la tête d'une révolte d'esclaves. Arrêté, il refuse le marché qu'on lui propose : exhorter les esclaves au calme pour avoir la main de Sara. La révolte échoue lamentablement. Le frère de Georges ayant suggéré au gouverneur d'entreposer dans les rues de Port-Louis des barriques de rhum, les révoltés « se groupant autour des tonneaux, avec des cris de joyeuse rage, [burent] à pleines mains cette eau-de-vie, cet *arrach*, éternel poison des races noires à la vue duquel un Nègre ne sait pas résister, en échange duquel il vend ses enfants, son père, sa mère et finit souvent par se vendre lui-même ». Georges est condamné à mort ; le matin de son exécution, Sara accepte de l'épouser et tous deux quittent l'île. Dumas voulait dénoncer le sort fait aux mulâtres ainsi que les connotations péjoratives associées au métissage[32]. Son héros est de la même trempe que Bug Jargal. À un détail près : les qualités manifestées par Bug Jargal étaient explicitement attribuées à la noblesse de ses origines et à la pureté de son sang, tandis que Biassou et son sorcier assoiffé de sang et de vengeance étaient des métis. La noblesse de cœur de Bug Jargal découle de la noblesse de sang au sens classique du terme. Georges aussi manifeste une noblesse de cœur qu'il faut bien attribuer à une certaine noblesse de sang : or, comme Georges est métis, la seule noblesse de sang à

---

32. Patrick GIRARD, « Le mulâtre littéraire ou le passage au blanc », dans Léon Poliakov (éd.), *Le Couple interdit. Entretiens sur le racisme. La dialectique de l'altérité socio-culturelle et la sexualité*, Paris, Mouton, 1980, pp. 191-213.

laquelle il puisse prétendre se réduit à la part de sang blanc qui coule en ses veines.

Au-delà de ce qu'ils révèlent des convictions profondes de Hugo, et plus encore de Dumas, les romans de la littérature abolitionniste française n'ont guère qu'un intérêt historique. Sur ces récits plane le fantôme de la Révolution haïtienne et la figure de Dessalines qui n'eut que faire des Blancs et des idéaux de la Révolution française. Il ordonna à ses troupes : « Ne laissez rien de Blanc derrière vous. » Quand il fut sacré empereur en octobre 1804, sa proclamation commença par ces mots : « Paix avec nos voisins. Mais anathème contre le nom de la France. Haine éternelle contre la France. » L'année suivante, il ordonna de massacrer tous les Blancs français. Les massacres perpétrés par Leclerc lors de la campagne contre les armées haïtiennes, telle la noyade de plus de mille esclaves dans le port du Cap, semblent d'un tout autre ordre, puisqu'ils sont justifiés par des nécessités masquées sous la toute- puissance de la raison d'État. Pour sa part, Toussaint Louverture voulut croire en la France révolutionnaire, mais il comprit rapidement que Bonaparte ne cherchait qu'à rétablir l'esclavage. Il mit alors en garde la population de l'île contre les Français : « Vous allez vous battre contre des hommes qui n'ont ni foi, ni loi, ni religion. Ils vous promettent la liberté, ils pensent la servitude. » La Révolution haïtienne, sa violence et ses excès permettent à l'Europe de justifier son rôle de dirigeant du monde[33]. Pour les esclavagistes, elle montre bien que les Noirs ne sauraient se gouverner. Pour les abolitionnistes, elle montre que l'esclavage ne peut que conduire à de tels excès : il faut abolir l'esclavage pour prévenir l'avènement d'autres républiques noires.

Dans cette mise en scène, les crimes de la traite, puis de l'esclavage, répondent aux exigences du mélodrame[34], mélodrame dont les premiers éléments sont fournis par le démantèlement des

---

33. Voir Aimé CÉSAIRE, *Toussaint Louverture. La Révolution française et le problème colonial*, Paris, Présence Africaine, 1981 ; C. L. R. JAMES, *The Black Jacobins. Toussaint L'Ouverture and the Saint-Domingo Revolution*, Londres, Allison & Busby, 1994 ; trad. fr., *Les Jacobins Noirs*, Paris, Présence Africaine.

34. Saidiya V. HARTMAN, *Scenes of Subjection. Terror, Slavery, and Self-Making in Nineteenth-Century America*, Oxford, Oxford University Press, 1997.

familles. Les esclaves sont forcément d'innocentes victimes. Leur couleur devient l'emblème de cette innocence torturée : renversement inattendu et variante inépuisable dans une civilisation où le Blanc est d'ordinaire symbole de pureté. Le mélodrame offre le cadre dramatique qui donne sens à l'expérience de l'esclavage. D'après Sadiya Hartmann, la puissance du vocabulaire du bien et du mal donne des armes au discours abolitionniste qui partage les obsessions du mélodrame : vertu, virginité, caractère sacré de la famille. L'exposition de la dégradation de l'esclave et de l'improductivité de son travail servile justifie par avance les mesures de coercition qui seront mises en place pour imposer le travail salarié.

Dans la propagande abolitionniste, la figure du maître occupe une place centrale. Par-delà le miroir des mers, il devient l'image déformée, le reflet inversé de l'homme civilisé. Corrompu par l'air vicié des colonies et par le système esclavagiste, l'Européen devient un « alcoolisé » ignorant, satisfait de sa médiocrité. Il oublie les valeurs de la société européenne pour s'adonner à des plaisirs indignes. Mais s'il est une chose que ni les abolitionnistes ni les métropolitains colonialistes à leur suite ne peuvent concevoir, c'est que, loin d'être une aberration, la colonie est un pur produit de l'Europe. Tout en percevant avec quelle facilité les hommes s'adonnent à la brutalité, avec quelle facilité des relations fondées sur la prédation peuvent s'établir, les abolitionnistes désirent néanmoins croire qu'il suffirait d'imposer une loi morale pour que s'établissent des relations de respect mutuel. Ils se trouvent partagés entre l'indignation justifiée par la dureté des relations sur la plantation et la conviction que la raison l'emportera, que maîtres et esclaves s'accorderont à vouloir « changer un régime aussi corrupteur des hommes les plus doux… où les possesseurs d'esclaves deviennent des tyrans, des hommes impitoyables[35] ». Or toutes les études historiques l'attestent : la violence dans la plantation n'est pas seulement répandue ; elle est systématique, elle est constante. Et le corps martyrisé de l'esclave témoigne de l'immense corruption qui règne dans la plantation. Cependant, espace

---

35. Victor SCHŒLCHER, *Des colonies françaises. Abolition immédiate de l'esclavage* (1842), Paris, Éditions du C.T.H.S., 1988, p. 37.

de souffrance, la plantation est aussi un espace de résistance et de négociations. En transformant la plantation en espace du mal absolu, où l'ordre est entièrement fondé sur la violence physique, les abolitionnistes préparent, à leur insu, le terrain nécessaire à l'instauration de techniques de discipline et de surveillance. Quoique apparemment moins violentes, celles-ci sont fondées sur la même volonté : obtenir du travail à moindre prix.

Bien loin de défendre des idées originales, les écrivains abolitionnistes du XIXᵉ siècle se font l'écho des théories scientistes sur la hiérarchie des races. L'esclavage est jugé condamnable ; mais, pour autant, il n'en découle pas nécessairement l'idée que le Noir soit un être doué de raison et, comme tel, conforme à l'idéal en vigueur auprès des lettrés de l'époque. Selon Renan, la race noire est une race non perfectible qui montre une « incapacité absolue d'organisation et de progrès[36] ». Ainsi se trouve-t-elle bloquée dans le Temps et ne peut-elle s'inscrire dans l'Histoire. À travers les œuvres littéraires, la figure du Noir est celle d'un être dénué de toute complexité. Bug Jargal est un Noir qui ne peut se targuer de noblesse de cœur qu'en raison de sa noblesse et de sa pureté de sang. Georges est un Métis dont les qualités sont associées à une part de sang blanc. Bug Jargal est exempt de la férocité attribuée aux Noirs et Georges des vices associés aux Métis, mais tous deux représentent des exceptions au sein de leurs groupes, par ailleurs entachés de lourdes tares. À travers ces œuvres se profile déjà l'impasse dans laquelle s'est engagée la pensée abolitionniste humanitaire et dans laquelle s'engouffrera un universalisme qui s'accommodera de l'impérialisme. Les Noirs et les Métis ne sont généralement pensés qu'en masse, et affublés de traits négatifs. Lorsqu'une figure solitaire émerge de la masse, elle n'est conçue que comme exception ; aussi, même lorsque cette figure est élevée au rang de héros, ce héros ne peut être Noir ou Métis. C'est peu dire que de noter que le Noir ou le Métis est pensé négativement. Dans cette littérature, il n'y a pas de place pour le Noir ou le Métis en tant qu'individu. Les œuvres les plus favorables aux idées

---

36. Ernest RENAN, *L'Avenir de la science* (1848).

d'émancipation ne s'élèvent guère au-dessus de simples romans à thèse. Quoique l'esclavage y soit formellement condamné, les esclaves ne se montrent jamais à la hauteur de leurs aspirations. Sitôt libres, ils ne songent qu'à se soûler, à piller, à violer, à tuer. Toute tentative de vengeance fait l'objet d'une violente condamnation, comme s'il était incompréhensible que des êtres humains, avilis, humiliés, assujettis à la brutalité de leurs maîtres, souhaitent exercer à leur tour leur puissance.

Seul un Noir avili, humilié, assujetti à la brutalité de son maître, mais qui s'élève par son sacrifice et son humilité chrétienne au-dessus de cette brutalité, acquiert une stature de héros littéraire. L'oncle Tom d'Harriet Beecher Stowe en est l'image même. Ce roman réussit à capter l'imagination des lecteurs qui y trouvent autant une source de plaisir que d'horreur. Au plaisir de l'horreur se mêle une indignation morale. Selon Freud, *La Case de l'oncle Tom* est l'un de ces romans dont le contenu stimule le fantasme d'être battu. Il procure à ses lecteurs un « plaisir masturbatoire[37] ». Dans son ouvrage sur la sexualité, Richard Krafft-Ebing cite un patient qui, dans son enfance, se complaisait dans des rêves de toute-puissance : l'esclavage était une source infinie de fantasmes susceptibles de satisfaire ces rêves. « Qu'un homme puisse posséder, vendre ou fouetter un autre homme, me donnait une intense satisfaction ; et en lisant *La Case de l'oncle Tom*, j'avais des érections », conclut ce patient[38]. De nombreuses critiques féministes africaine-américaines ont dénoncé avec force le lien établi entre les cruautés de l'esclavage et le plaisir masochiste. Elles jugent insultante la psychologisation de l'esclavage et relèvent une perversion dans le plaisir à voir souffrir qui ne tient pas compte de la souffrance de l'esclave, de sa subjectivité. Ces critiques sont justifiées, mais, indéniablement, l'incroyable extase de la souffrance décrite Beecher Stowe a rencontré, et rencontre encore, un écho auprès des lecteurs et des lectrices. C'est cet étalage de la

---

37. Sigmund FREUD, *Un enfant est battu*.

38. Richard VON KRAFFT-EBING, *Psychopathia Sexualis : A Medico-Forensic Study* ; traduit de l'allemand par Harry E. Wedeck, New York, G. P. Putnam's Sons, 1965, p. 172.

souffrance, cette représentation de blessures béantes qui donnent au roman toute sa force christique.

Pétri de bonté, doté de la « douce et impressive nature de sa race, toujours tournée vers la simplicité et l'enfance », Tom coule des jours heureux dans la plantation de Shelby, quand ce dernier, endetté, se trouve contraint de le vendre. Commence alors pour Tom une suite de supplices, au cours de laquelle sa Bible est son unique viatique. Seule sa foi lui donne la force d'accepter toutes les avanies, toutes les cruautés infligées par des Blancs que son humilité, sa douceur et sa passivité exaspèrent. Sa mort, qui intervient dans le chapitre intitulé « Le martyr », est une fin éminemment christique. Son corps supplicié condamne sans appel la brutalité esclavagiste des Blancs ; mais c'est un Blanc, George Shelby, le fils de son ancien maître, qui lui donne une sépulture chrétienne. De toute évidence, les Blancs ne sont pas tous mauvais. L'esclavage peut être doux, s'il est exercé par un maître comme Augustine St. Clare. La plantation peut être un lieu où règnent l'harmonie et l'ordre pastoral. Stowe l'appelle alors une « ferme » : autour de la maison du maître, les petites cases des esclaves sont proprettes et les jardins bien ordonnés. Le soir, à la veillée, on lit la Bible dans les cases où les jeunes maîtres aiment venir savourer des douceurs concoctées par la Mamy noire. Une fois vendu, Tom se remémore ce petit monde : avec « ses larges et frais corridors et les petites cases fleuries », la maison du maître est un havre de paix. Par contraste, la plantation est un lieu où « toute flamme de vie a disparu ». Quand, à la fin du récit, George Shelby, revenu dans sa plantation, émancipe ses esclaves, ceux-ci s'écrient : « Nous ne voulons pas être plus libres que nous le sommes déjà. Nous ne voulons pas quitter cet endroit, ni notre maître et notre maîtresse. » Shelby leur explique qu'ils n'ont pas à partir mais que, désormais, ils ne risqueront plus d'être vendus. Ils vont recevoir un salaire, devenir des ouvriers agricoles. Shelby leur déclare enfin : « Je vous enseignerai comment utiliser les droits que je vous donne – il vous faudra sans doute du temps pour les comprendre. J'espère que vous serez obéissants et prêts à apprendre. »

Dans ce roman, Beecher Stowe dénonce la séparation forcée des familles et l'interdiction faite aux Noirs de lire la Bible, tout en montrant la force corruptrice de l'oisiveté pour les maîtres et de la cruauté pour les esclaves. Seul Tom échappe à cette corruption. Il accepte sa servitude, ne se révolte jamais, et c'est cette passivité même qui fait sa force. La sentimentalité du roman, son pathos, sa défense d'une société ordonnée et réconciliée en feront le roman de l'abolitionnisme par excellence et il restera longtemps un grand classique de la littérature enfantine. Tom est Noir et animé de la douceur inhérente à sa race, du christianisme fervent et primitif que les Blancs ont perdu mais doivent retrouver, selon l'orthodoxie abolitionniste. Stowe l'oppose à l'un des autres esclaves du roman, George Harris, mulâtre et donc rebelle, violent, car aspirant à être reconnu par la société blanche (Harris est d'ailleurs capable de « passer » pour un Blanc grâce au sang qui lui vient de son père). Les Africains-Américains dénonceront plus tard la vision lénifiante du roman et donneront à l'expression « oncle Tom » sa dimension insultante et sarcastique.

À la fin du XVIIIe siècle, le discrédit avait été jeté sur une littérature accusée de sentimentalisme (discrédit dont Sade nourrit son œuvre) et un jugement fondé sur la pitié (formulé par Kant). L'association des sentiments à la « nature féminine » renforce ce discrédit. La littérature abolitionniste renouvelle cependant le genre sentimental dans une direction peu explorée jusqu'alors : les bons sentiments politiques. Les supplices de l'esclave, la description du corps nu, féminin ou masculin, fouetté, couvert de plaies sanglantes sur lesquelles sont appliqués piment, poivre ou sel afin de porter le supplice à son apogée, mettent en scène une souffrance insupportable. On donne à voir au lecteur ce martyre. Il suscite la pitié et fait éprouver au lecteur une humanité partagée, mais à distance, avec le supplicié. Cette littérature ne met-elle cependant pas les abolitionnistes dans le beau rôle du bienfaiteur qui arrache le supplicié à son bourreau ? Quelle est la jouissance du lecteur ? Le corps nu de l'esclave, homme ou femme, encourage le voyeurisme. La répartition des tâches, comme des vertus et des qualités attachées aux deux sexes dans la société blanche ne s'applique pas aux esclaves, dont les rôles sont brouillés. La femme blanche, préservée des tâches domestiques, devient la gardienne du foyer où elle peut exercer toutes ses vertus maternelles, alors que rien n'est épargné à la femme de couleur. L'homme noir est soit réduit à la fonction de bête de somme, soit à celle d'étalon. Lorsqu'il échappe à ce sort, c'est pour connaître la souffrance et le martyre et se retrouver féminisé. Tom est représenté comme une femme battue. Sa victimisation l'exclut du monde des acteurs politiques. Comment pourrait-il prendre en main son destin ? Plus la littérature abolitionniste cherche à accorder d'humanité aux esclaves, plus elle leur dénie la capacité de régler leur sort politique.

Certes, les brutalités, les sévices, les violences dépeintes à travers la littérature abolitionniste n'excèdent nullement celles qui furent réellement perpétrées par le système esclavagiste. Elles n'excèdent pas non plus celles qui se trouvent complaisamment évoquées à travers les œuvres de Sade, auteur dont les conditions de détention garantissent que ces violences littéraires furent imaginaires. Si la littérature abolitionniste est, pour le meilleur et pour le pire, inspirée par des motivations idéologiques, la littérature sadienne a d'autres ambitions. Mais ces deux types de littérature peuvent être mis en parallèle à divers titres. En effet, dans son *Idée sur les romans*, Sade assigne au roman moderne la tâche de dépeindre des excès inédits, afin de piquer une imagination blasée, ou plutôt émoussée par les trop réels excès de l'Ancien Régime ou de la Terreur. Afin de légitimer cette surenchère de turpitude, Sade déclarait entretenir des visées censément cathartiques. De son côté, la littérature aboli-tionniste s'attache à représenter des sévices physiques et moraux afin de montrer la violence des rapports économiques entretenus par un système de prédation. L'Europe préférait jusqu'alors détourner les yeux ou justifier cette violence en déniant à l'Autre toute humanité. En exaltant une pitié de bon aloi, mais somme toute assez facile, voire quasi automatique, la littérature abolition-niste pousse le lecteur à s'identifier au supplicié. Le bénéfice qu'elle recherche est de faire éprouver au lecteur l'humanité du supplicié. Mais l'un ne partage que de fort loin les souffrances et l'humanité de l'autre. Néanmoins, la seule représentation de la violence d'une économie prédatrice est si insoutenable pour le lecteur blanc qu'il se projette automatiquement dans le rôle du bienfaiteur arrachant le supplicié à son bourreau.

Les romans sadiens sont autant de romans noirs évoquant, au moment où la société européenne ne veut plus se reconnaître dans l'Ancien Régime, une violence à laquelle nulle abolition des privilèges ne peut mettre fin. Les romans abolitionnistes représentent les excès (c'est-à-dire le quotidien) du système esclavagiste en déplaçant sur la scène romanesque ce qui est figurable des souffrances humaines. Mais ce qui ne l'est pas – des rapports abstraits, impitoyables, dont ces souffrances ne sont que les séquelles ou les retombées – se trouve non figuré par un étrange tour de passe-passe identificatoire. À la fois jouissive et intolérable, l'identification à un corps noir nu et supplicié est toujours relevée par une seconde identification au Blanc salvateur (fût-ce sous le masque du noble sauvage ou du métis sacrifié). Immanquablement, l'esclave reste littéralement captif de ce corps souffrant auquel seul un messie blanc vient apporter une délivrance.

Comme la littérature sadienne, la littérature abolitionniste touche au même noyau obscur de violence tapie en tout individu, mais elle en diffère sur un point essentiel. En effet, elle fait désormais circuler dans les salons bien-pensants des évocations de scènes jusqu'alors confinées au secret des boudoirs. Elle met à la portée de tous et de toutes des rapports jusqu'alors abordés par les œuvres de second rayon, par la littérature licencieuse, qui ne circulait que sous le manteau. Tout ce qui auparavant relevait du sensationnalisme exploité dans la littérature d'aventure, le roman noir, ou la pornographie, pour ne pas dire dans les faits divers journalistiques ou les pamphlets, émerge à présent dans la littérature bien-pensante. Or, qu'il se veuille transgression imaginaire ou dénonciation réaliste, l'étalage de la violence et des corps est le même. Et où est la véritable obscénité ?

ÉRADIQUER LE CRIME DE L'ESCLAVAGE

Au XIXᵉ siècle, la cause abolitionniste connaît un nouvel essor. Les « immédiatistes » ou partisans d'une abolition immédiate gagnent en influence. En Angleterre, les réformateurs jugent de leur devoir de lutter contre les vices de la société et contre le désordre moral introduit par les marchands et les propriétaires d'esclaves[39]. L'Europe est jugée coupable de s'être engagée dans la traite et de ce fait menacée de diverses calamités[40]. L'émancipation des Noirs contribuera à libérer les Blancs des « chaînes du péché et de Satan ». La société ne connaîtra pas de délivrance tant que ce mal ne sera pas détruit. En bons bourgeois, les dirigeants du mouvement abolitionniste anglais imaginent un monde pacifié, susceptible de favoriser le libre épanouissement du commerce. Sous la généreuse volonté d'affirmer l'inviolabilité de la personne humaine et son autonomie transparaît le désir non moins ardent d'opérer une pacification du marché. En s'appuyant sur le réseau extrêmement dense des congrégations, le mouvement abolition-niste met en place des méthodes qui pourraient être qualifiées de méthodes d'organisation de masse. Il bénéficie à la fois de l'attrait que lui assure la noblesse de ses visées auprès d'une population aspirant à des réformes et de la satisfaction d'appartenir au pays qui mène la lutte visant à abolir la servitude. Il engage des confé-renciers itinérants qui vont porter la bonne parole dans les villes et les villages ; il lance une vaste campagne de pétitions, crée des journaux, met en place un comité des relations internationales[41]. Afin d'imposer d'abord l'abolition de la traite qui entrave le libre commerce, les abolitionnistes soutiennent le *Foreign Slave Trade Bill*, qui, depuis avril 1806, interdit aux marchands britanniques de vendre des esclaves. En 1808, une loi interdit aux navires anglais de prendre part à la traite. Les abolitionnistes s'opposent violemment à la clause du traité de Paris (1815) qui permet à la France de continuer à pratiquer la traite dans ses colonies. En deux mois, ils réunissent plus de sept cents pétitions dénonçant cette clause et, afin de contraindre le gouvernement français à agir, envoient à Paris une délégation qui n'obtient pas gain de cause. L'interdiction de la traite est rarement respectée et les violations

---

39. Voir David TURLEY, « Slave Emancipations in Modern History », dans M. L. Bush (éd.), *Serfdom and Slavery. Studies in Legal Bondage*, New York, Longman, 1996, pp. 181-196, et David TURLEY, *op. cit.*, 1991.

40. James STEPHEN, *The Dangers of the Country*, Londres, J. Butterworth, 1807.

41. Howard TEMPERLEY, *British Anti-Slavery 1833-1870*, Londres, Longman, 1972.

sont rarement condamnées. En raison de la complicité de caste entre les capitaines de navire, de la complicité des juges ou de leur impuissance à faire appliquer la loi ou de la lenteur des tribunaux, rares sont les charges poursuivies. Tout au contraire, la traite atlantique connaît même un regain dans les années 1815-1830. Les grandes insurrections dans les colonies anglaises – à la Barbade en 1816, à Demerara en 1823 et à la Jamaïque en 1831-1832 – frappent fortement l'opinion anglaise et relancent la mobilisation abolitionniste. Ainsi se multiplient brochures, tracts, conférences dont l'argumentation prend un tour moins idéaliste, pour ne pas dire franchement plus cru : l'Angleterre se doit désormais de mener la lutte contre la corruption esclavagiste aux colonies au moment où, dans la métropole, l'agitation ouvrière et réformiste menace l'ordre social comme l'essor industriel et capitaliste. Grâce à la réforme abolitionniste, l'Angleterre pourrait contrecarrer le mauvais exemple des planteurs outre-mer et celui des révolutionnaires dans la métropole. Il faut discipliner le planteur paresseux et corrompu tout autant que l'ouvrier rebelle.

Dans *Sandford and Merton*, grand succès de la littérature enfantine à l'époque, Thomas Day met en scène cette transformation du colonial corrompu en ouvrier modèle : grâce à l'action de Merton, fils d'un simple fermier, et à la bonté exigeante d'un clergyman, qui lui enseignent les valeurs du travail et de l'ascétisme, Sandford, jeune Blanc de la Jamaïque, gâté, paresseux et arrogant, acquiert les qualités d'industrie et d'épargne qui doivent caractériser le nouvel individu. Des femmes contribuent à la mobilisation abolitionniste et présentent une pétition riche de 350 000 signatures en 1833. Les abolitionnistes mettent à profit les changements introduits par le *Reform Bill* qui a élargi l'accès au droit de vote et multiplié le nombre de districts. L'abolition de l'esclavage devient un des enjeux de politique locale, car les voix des abolitionnistes pèsent dans ces élections. Le Parlement anglais met officiellement fin à l'esclavage en 1834. En exploitant le désir de réforme sociale, l'idée de l'inviolabilité de l'être humain, et la méfiance envers tout abus tyrannique, tout pouvoir absolu d'un être sur un autre, la cause abolitionniste a réussi à largement mobiliser la société.

Les abolitionnistes promeuvent la vision d'une colonie purifiée de l'avarice et de la corruption esclavagiste pour affronter les problèmes posés par le paupérisme et la nécessité de contrôler la classe ouvrière. La vision qui est la leur, vision d'une société constituée de petits ateliers et de petites propriétés, où artisans et fermiers jouiront d'une vie paisible et spontanément harmonieuse, va rencontrer, et sans doute au-delà de leurs propres aspirations, les désirs d'une société en pleine transformation[42]. Alors que la société industrielle ne favorise nullement la petite propriété, le projet abolitionniste canalise un mécontentement et des angoisses diffuses, tout en offrant une image adoucie des bouleversements à venir. Selon l'historien américain David Brion Davis, on peut voir dans le panopticon de Bentham une parodie de projets visant alors à réformer le système de la plantation[43]. Une fois purifiée de la corruption esclavagiste, la plantation présente le modèle même d'une entreprise bien pensée avec, autour de l'usine, les petites cases des ouvriers et leurs jardins proprets, la maison de l'ingénieur, les ateliers et les hangars. On construit des maquettes de cette colonie future où dominent propreté et rationalité de l'organisation. Il y a ainsi interaction entre les projets de réforme de la société aux colonies et en métropole.

Aux États-Unis, l'abolitionnisme condense un républicanisme allié au libéralisme économique et une pensée radicale réformatrice inspirée par les églises protestantes[44]. Comme en Angleterre, le parti abolitionniste est servi par une organisation qui touche toutes les couches de la société – des associations nationales et régionales aux associations de jeunes ou de femmes –, et qui a saisi à la fois l'importance de la propagande – meetings, pamphlets, journaux, conférenciers professionnels, militants permanents – et l'impact du témoignage personnel, apporté par les récits d'es-

---

42. Rappelons que l'idéal de la liberté chez les calvinistes est que chaque individu est autonome dans sa propre sphère, mais évolue harmonieusement avec les autres individus, s'unissant spontanément pour atteindre le plus grand bien de tous.

43. DAVIS, 1975, *op. cit.*, p. 456.

44. Voir Élise MARIENSTRAS, « Les Lumières et l'esclavage en Amérique du Nord au XVIIIe siècle », dans *Les Abolitions de l'esclavage*, Paris, Presses universitaires de Vincennes / UNESCO, 1995, pp. 111-132.

claves. Comme en Angleterre, les abolitionnistes brandissent la menace du châtiment divin. La Déclaration d'indépendance a proclamé que « tous les hommes naissent égaux » et que leur Créateur leur accorde des droits inaliénables, tels « la vie, la liberté et la poursuite du bonheur ». La guerre d'Indépendance a libéré les Américains d'une puissance coloniale qui leur refusait ces droits. Cependant, les Noirs ont été exclus de la communauté. De nombreux abolitionnistes soulèvent cette contradiction et dénoncent l'« hypocrisie des blancs », comme le fait David Walker, homme noir libre, en 1829[45]. Pour les abolitionnistes, fervents républicains, attaquer l'esclavagisme, c'est du même coup attaquer l'aristocratie. Ainsi Lydia Maria Child déclare-t-elle : « L'aristocratie éveille toujours en moi une aversion, que ce soit sous la forme du noble anglais, du planteur sudiste ou du Bostonien... Je crois fermement dans la dignité du travail[46]. » L'approche « immédiatiste » domine le mouvement abolitionniste dès les années 1830. Le rôle des Noirs affranchis – Frederick Douglass, Sojourner Truth – et celui des associations noires sont déterminants. Ces femmes et ces hommes, qui constituent l'avant-garde du mouvement abolitionniste, soulèvent des questions essentielles. Critiquant ses aspects paternalistes, ils exigent d'être intégrés à la société, en rejetant certains des programmes anti-esclavagistes, tel celui de l'African Colonization Society qui milite pour permettre aux Noirs américains de « regagner » l'Afrique. Dans son intitulé même, l'African Colonization Society montre clairement que le mouvement abolitionniste n'envisage de pallier les effets et les méfaits de la colonisation qu'en proposant à d'anciens esclaves de se lancer à leur tour dans une autre colonisation.

Pour de nombreux abolitionnistes américains, afin de convertir le monde au royaume du Christ, il faut renoncer au péché. En s'égalant à Dieu, le propriétaire d'esclave(s) commet un péché qui

---

45. Sean WILENTZ (éd.), *Walker's Appeal in Four Articles*, New York, Hill and Wang, 1995, et Henry Highland GARNET, *An Address to the Slaves of the United States of America*, New York, Arno Press, 1969, pp. 84-86.

46. Cité par Herbet APTHEKER, *Abolitionism. A Revolutionary Movement*, Boston, Trayne Pub., 1989, p. 33.

ne peut qu'en entraîner d'autres[47]. Nourrissant une aspiration à réaliser sur terre la Cité de Dieu, le discours abolitionniste prend un caractère radical et millénariste. Au fond, toute forme de gouvernement humain prétend rivaliser avec le gouvernement divin : aussi les croyants ont-ils le devoir de résister à toute forme de gouvernement. L'historien Lewis Perry a montré quel exutoire trouvèrent le mécontentement social et l'exaltation revivaliste dans la multitude des sectes protestantes qui virent alors le jour. L'abolitionnisme canalise leurs aspirations : échapper à la hiérarchie ecclésiastique, à l'autorité de l'État, et à toute forme de contrainte imposée par les structures sociales. Les membres de ces sectes peuvent voir en l'esclave la figure même de la victime, de l'être assujetti contre son gré et au mépris de la volonté divine. Tous sont victimes de la volonté des puissants et de la prétention de ceux-ci à rivaliser avec Dieu, qui a pourtant proclamé l'égalité des hommes devant sa volonté. La révolte de ces dissidents prend la forme d'une rupture avec toute forme d'insertion sociale ou religieuse et s'exprime à travers une mystique du détachement de toute autorité et de l'affranchissement des liens sociaux et religieux. Ce mysticisme original fleurit dans ce qu'il est convenu d'appeler l'extase de la sécession. William Lloyd Garrison, l'un des grands leaders abolitionnistes américains, emprunte alors le ton du prêche pour dénoncer l'esclavage : « Si l'État ne peut survivre à la mobilisation contre l'esclavage, alors que l'État périsse. Si l'Église doit être détruite dans le combat de l'Humanité pour la liberté, alors que l'Église soit détruite, et que ces ruines soient dispersées aux quatre coins du ciel afin de ne plus jamais attirer la malédiction sur terre. Si l'Union [des États-Unis] ne peut être maintenue sinon en continuant de violer la liberté humaine sur l'autel de la tyrannie, alors que l'Union soit foudroyée, et qu'aucune larme ne soit versée sur ses cendres[48]. » Selon ce raisonne-

---

47. William GOODELL, *American Slavery : A Formidable Obstacle to the Conversion of the World*, New York, 1854. Cité par Lewis PERRY, *Radical Abolitionism. Anarchy and the Government of God in Anti-Slavery Thought*, Ithaca, Cornell University Press, 1974.

48. Dans *Selections from the Writings and Speeches of William Lloyd Garrison* (R. F. Wallcut, 1852, Boston), p. 139. Sur les rapports entre l'abolitionnisme et l'évangélisme

ment, tout individu *doit* s'engager dans un mouvement de réforme morale.

Avec des écrivains tels que Ralph Waldo Emerson, Henry Thoreau ou Margaret Fuller, l'école transcendantaliste dénonce sans relâche la complicité de tous les membres de la société, tous également coupables ou complices du péché de l'esclavage. « Pourquoi un homme naît-il, si ce n'est pour devenir un Réformateur, qui refait ce que l'homme a fait, qui abjure le mensonge, qui restaure la vérité et le bien, imitant la Nature qui tous nous accueille ? » Tels sont le destin et la tâche qu'Emerson assigne à l'homme[49]. Rejetant toute organisation structurée, les transcendantalistes favorisent une approche individualiste. Ils pensent avec Thoreau qu'il suffit « d'avoir Dieu à ses côtés ». L'idéalisme de ces positions est dénoncé par l'historien américain Stanley Elkins, dans son ouvrage intitulé *Slavery : A Problem in American and Intellectual Life* (qui suscita une longue controverse dès sa parution en 1959). Semblables aux tenants de la morale kantienne, dont on a pu dire qu'elle a les mains propres parce qu'elle n'a pas de mains, ces belles âmes se retranchent d'une société corrompue. Dans une telle optique, l'esclavage devient une abstraction morale, mais n'est plus une question sociale et politique. Pour Elkins, cette forme d'abolitionnisme ne tient pas compte des questions concrètes et surtout des ravages psychologiques induits par l'esclavage sur les êtres humains ; aussi ne peut-il que reproduire un idéalisme moralisant. Les abolitionnistes agitent alors la menace du terrible jugement suspendu au-dessus de la nation américaine : « La terreur de Dieu menace de foudroyer la nation coupable. Si un repentir, rapide, profond et

---

aux États-Unis, voir Gilbert HOBBS BARNES, *The Anti-Slavery Impulse*, New York, Appleton Century, 1933 ; Roger BURNS (éd.), *Am I Not a Man and a Brother : The Antislavery Crusade of Revolutionnary America, 1688-1788*, New York, 1977 ; Stanley M. ELKINS, *Slavery : A Problem in American Institutionnal and Intellectual Life*, Chicago, The University of Chicago Press, 1976 ; TURLEY, *op. cit.*

49. Ralph Waldo EMERSON, dans *Emerson's Complete Works I*, Cambridge, Cambridge University Press, 1883, pp. 221-223. Cité par ELKINS, *op. cit.*, p. 157. Voir aussi Ralph Waldo EMERSON, *Emerson's AntiSlavery Writings*, New Haven, Yale University Press, 1995.

d'envergure nationale ne suspend pas le jugement de Jéhovah, sa foudre s'abattra sur nous. » Dans un discours abolitionniste articulé sur le mode de la prophétie et de la promesse, sur le thème du péché et de la rédemption, et faisant miroiter l'image de la Terre promise et de la fraternité retrouvée, l'esclavagisme n'est que faute destinée à être fatalement châtiée. Si l'esclavage est difficilement conciliable avec la morale républicaine, il est en contradiction flagrante avec celle d'une nation qui se veut *land of the free*, « terre des hommes libres ». Le mythe avancé par Freud dans *Totem et tabou*, afin de concrétiser l'idée que toute société soit fondée sur un crime commis en commun, se traduit dans la fondation de la société américaine par un double crime : celui du génocide des peuples amérindiens et de l'asservissement des peuples africains déportés et réduits en esclavage. Seymour Drescher a d'ailleurs forgé le néologisme d'*éconocide*[50] pour dénommer le lent génocide accompli à travers l'esclavage, au nom de nécessités économiques.

L'abolitionnisme américain présente un aspect radical, voire anarchiste, dans son refus de tout gouvernement. Cependant, il n'échappe pas entièrement aux préjugés de son époque. De nombreuses organisations abolitionnistes refusent d'accueillir les Noirs en leur sein, sinon pour les confiner dans des positions subalternes[51]. Le mouvement féministe américain, dont la dette envers les abolitionnistes noirs est immense, finira ainsi par adopter une position dictée par des intérêts raciaux, et certaines féministes se déchaîneront quand le quinzième amendement

---

50. Seymour DRESCHER, *Éconocide : British Slavery in the Era of Abolition*, Pittsburgh, University of Pittsburgh Press, 1977.

51. DAVIS, *op. cit.* ; voir aussi : Lawrence J. FRIEDMAN, *Gregarious Saints. Self and Community in American Abolitionism, 1830-1870*, Cambridge, Cambridge University Press, 1982 ; Lawrence B. GOODHEART et Hugh HAWKINS (éd.), *The Abolitionists. Means, Ends and Motivations*, Lexington, MA, D. C. Heath & Co, 1995 ; Jean FAGAN YELLIN et John C. VAN HORNE (éd.), *The Abolitionist Sisterhood. Women's Political Culture in AnteBellum America*, Ithaca, Cornell University Press, 1994 ; Jean R. SODERLUND, *Quakers and Slavery. A Divided Spirit*, Princeton, Princeton University Press, 1985 ; Howard TEMPERLEY, « The Ideology of Anti-Slavery », in David ELLIS et James WALVIN (éd.), *The Abolition of the Atlantic Slave Trade : Origins and Effects in Europe, Africa and the Americas*, Madison, University of Wisconsin Press, 1981, pp. 21-34.

accordera le droit de vote aux hommes noirs[52]. Elizabeth Cady Stanton, grande figure féministe américaine, accusera les hommes noirs de bestialité, et mènera une campagne nationale pour la ségrégation[53]. Les abolitionnistes condamnent les vices du Sud aristocratique au nom des vertus de la classe moyenne blanche, lesquelles devraient constituer la norme universelle. Le grand leader abolitionniste, William Lloyd Garrison déclare : « Le combat exige que vous [les Noirs] vous comportiez non seulement comme des Blancs, mais encore mieux que des Blancs. » Dans ses conseils aux Libres de couleur, l'American Anti-Slavery Society précise comment se comporter mieux que les Blancs en soulignant, l'« importance de l'ordre domestique et des obligations familiales ; d'un comportement correct…, l'obéissance et les avantages du travail et de l'épargne ; la ponctualité et le respect des contrats ou des obligations, écrites ou verbales ; et l'encouragement à l'acquisition de la propriété privée[54] ».

Les mouvements abolitionnistes américain et anglais adoptent les accents et le vocabulaire de la mission évangélique. Et, en effet, les abolitionnistes sont souvent des réformateurs, luttant pour la liberté de parole, d'association, de pétition et de réunion. Le travail doit devenir un des fruits du « libre marché » et non celui de la tyrannie. Les États-Unis ont un devoir et une charge : réaliser sur terre la « Nouvelle Jérusalem ». Après l'abolition, l'expansion vers l'Ouest ouvre une nouvelle frontière à la pulsion impériale des Américains. L'abolitionnisme américain offre un terrain où fleurissent à la fois la contestation et le refus des conflits. Les uns y

---

52. Sur les liens entre abolitionnisme et féminisme, voir : Julie Roy JEFFREY, *The Great Silent Army of Abolitionism : Ordinary Women in the Antislavery Movement*, Charlottesville, University of Carolina Press, 1998 ; Kthryn Kish SKLAR, *Women's Rights Emerge Within the Antislavery Movement, 1830-1870*, New York, Bedfpr/St-Martin's Press, 2000. Il faut rappeler ici que, malgré l'attitude de certaines féministes américaines, l'abolitionnisme et le féminisme furent des mouvements progressistes, et même radicaux, aux États-Unis et en Grande-Bretagne. Le lien intime entre abolitionnisme et féminisme n'exista pas en France. De plus, il faut noter l'absence des colonies et de l'empire dans l'historiographie du féminisme français.

53. Voir Nancie CARAWAY, *Segregated Sisterhood. Racism and the Politics of American Feminism*, Knoxville, University of Tennessee Press, 1991.

54. Cité par FRIEDMAN, *op. cit.*, p. 166.

voient une doctrine révolutionnaire, d'autres une cause humanitaire réformiste. Le mouvement abolitionniste anglais, quoique également nourri de la crainte du châtiment divin, sera moins millénariste. Après l'abolition de l'esclavage, il concentre son énergie sur la dénonciation de l'esclavage dans le monde et des abus dans l'empire, empire qu'il contribue à construire.

DU CATÉCHISME CHRÉTIEN AU CATÉCHISME RÉPUBLICAIN

Les congrégations protestantes aux États-Unis et en Angleterre ont montré sur quel terrain peut s'organiser une pensée dissidente. Encourageant une rhétorique de l'opposition, elles ont donné à l'abolitionnisme une dimension réformatrice qui rencontre des aspirations populaires et renforce, parfois malgré elle, la critique du capitalisme. Le sentimentalisme des abolitionnistes est dénoncé par ceux qui leur reprochent d'être plus sensibles aux souffrances des esclaves des colonies qu'à celles des ouvriers de la métropole, et les anti-abolitionnistes ont la part belle quand la rébellion ouvrière s'inspire de cette rhétorique du soulèvement. En France, la lutte contre la traite reprend dans les années 1820, encouragée par les clauses du congrès de Vienne. Cette lutte est menée par la « Société de la Morale chrétienne », association fondée en 1822 et rassemblant des intellectuels, des ministres et des notables. En 1824, sous la présidence du duc de Broglie, elle compte parmi ses membres des hommes politiques tels que Louis-Philippe et Guizot ; des universitaires tels Comte, Dunoyer, et Thiers ; des journalistes ; des banquiers ; et même des armateurs de Nantes, le grand port de la traite. Aucun membre du clergé catholique n'y figure ; en revanche, on y trouve le président du consistoire de Paris et le président du consistoire de l'Église réformée de Paris. La Société de la Morale chrétienne adopte des thèses gradualistes : d'abord abolir la traite pour entraîner l'amélioration des conditions de vie et de travail des esclaves, puis encourager la vie de famille chez les esclaves afin de permettre leur moralisation et l'intégration des valeurs du travail, enfin abolir l'esclavage par étapes. Benjamin Constant, secrétaire de la Société de la Morale chrétienne et député libéral de la Sarthe, dénonce en 1821 la complicité du gouverne-ment avec les marchands d'esclaves : « La traite se fait : elle se fait impunément. On sait la date des départs, des achats, des arrivées. On publie des prospectus pour inviter à prendre des actions dans cette traite. » La France ne saurait rester à la traîne dans une Europe de progrès. Les abolitionnistes français partagent les soucis des abolitionnistes anglais et américains. Certes, il faut abolir, mais que faire des Nègres ensuite ? Franc-maçon, républicain convaincu, proche de Ledru-Rollin et de Louis Blanc, grand connaisseur du mouvement abolitionniste anglais qu'il admire, Schœlcher estime lui aussi que l'esclavage a produit paresse et imprévoyance. Dans un article de *La Revue de Paris*, paru en 1830, il reprend les arguments contre la traite développés par l'abolition-niste anglais William Wilberforce dans *A Letter on the Abolition of the Slave Trade* (1807). Il faut abolir la traite, mais il serait dange-reux d'accorder sans autre forme de procès la liberté aux Noirs, qui ignorent les obligations et les devoirs qu'elle implique :

> Sortis des mains de leurs maîtres avec l'ignorance et tous les vices de l'esclavage [les Noirs] ne seraient bons à rien, ni pour la société ni pour eux-mêmes, parce que telle est la paresse et l'imprévoyance qu'ils ont contactée dans leur bagne, où ils n'ont jamais à penser à l'avenir, qu'ils mourraient peut-être de faim plutôt que de louer la force de leur corps ou de leur industrie. Je ne vois pas plus que personne la nécessité d'infecter la société active (déjà assez mauvaise) de plusieurs milliers de brutes décorées du titre de citoyens, qui ne seraient en définitive qu'une vaste pépinière de mendiants et de prolétaires […].

Dans une France largement anglophobe, la cause abolition-niste est accusée de servir la perfide Albion, l'ennemi de toujours. Chateaubriand, pourtant adversaire de l'esclavage, s'indigne des « attaques contre la France et de la volonté de la Grande-Bretagne de faire modifier aux nations européennes le régime de leur colonie[55] ». Associée à l'« Anglais », confinée à la capitale et à une

---

55. CHATEAUBRIAND, *Congrès de Vienne : Guerre d'Espagne, Négociations, Colonies espagnoles*, Paris, Delloye et Leipzig, 1838, t. I, pp. 77-88.

petite élite éclairée et souvent protestante, la cause abolitionniste
est loin de mobiliser l'opinion publique. La presse reste discrète. Il
y a bien le journal *L'Abolitioniste* et la rubrique « Traite des Noirs,
Esclavage, Émancipation » dans la *Revue coloniale*, mais leur
lectorat est très limité.

En France, l'Église s'abstient de participer au débat. Sous le
Second Empire, *L'Univers,* organe influent de la très puissante
France catholique, dénonce l'abolitionnisme comme l'« apport
anglo-protestant à la subversion révolutionnaire en Europe ».
Selon cet organe, la France catholique doit se défendre contre la
« comédie du philanthropisme et de la négrophilie ». Avec son
goût du pathétique et ses perpétuels appels aux bons sentiments,
l'abolitionnisme a prêté le flanc à de telles railleries. Aux colonies,
la situation est contradictoire. D'une part, des missionnaires qui
s'efforcent d'évangéliser les esclaves se heurtent aux résistances des
maîtres dont ils dénoncent les mœurs : « Beaucoup de maîtres
d'esclaves nous font opposition afin de pouvoir toujours rester
dans leur état primitif d'une affreuse corruption[56]. » Mais, d'autre
part, comment le clergé eût-il pu intervenir et mobiliser ses
ouailles, quand ses propres représentants aux colonies adoptaient
une position essentiellement moralisatrice pour dénoncer l'immoralité des maîtres et les mauvais penchants naturels des Noirs ? S'il
faut en croire l'abbé Minot, exerçant à La Réunion : « Les esclaves
offrent sur tous les points les plus grands obstacles à la pratique de
la religion. Leur mauvaise volonté, leur penchant indicible pour le
vol, leur libertinage universel, et les difficultés qui proviennent des
maîtres pour les faire assister aux saints offices rend leur conversion
presque impossible[57]. » Les rares prêtres qui osent attaquer directement le système esclavagiste et rappeler les dogmes du discours
chrétien (tel que celui de l'égalité censée régner entre des hommes
créés par Dieu et également soumis à la mort) sont expulsés des
colonies. Les maîtres auraient pourtant dû être rassurés par l'an-

---

56. Cité dans Philippe DELISLE, *Renouveau missionnaire et société esclavagiste. La
Martinique : 1815-1848*, Paris, Publisud, 1997, p. 167.

57. Cité dans Claude PRUDHOMME, *Histoire religieuse de La Réunion*, Paris,
Karthala, 1984, p. 67.

tienne que psalmodiait la plupart des membres du clergé : « Instruisez l'esclave, laissez-le venir facilement à l'église pour y apprendre à vous aimer, à vous aider, à vous soutenir. » Dans cet esprit, la religion peut aider à la réorganisation sociale, enseigner aux esclaves les vertus du travail agricole et du mariage. Elle peut travailler aux « moyens d'abolir l'esclavage sans abolir le travail », comme l'annonce en 1838 le titre de l'ouvrage de l'abbé Hardy, directeur du séminaire du Saint-Esprit. Selon le bon abbé : « L'Évangile et l'autel ont civilisé et rendu heureuses les nations ; procurez aux esclaves ces grands moyens de civilisation et de bonheur et, à jamais, sera résolu l'important problème : vous aurez aboli l'esclavage sans abolir le travail[58]. » En 1839, le pape Grégoire XVI condamne la traite dans sa bulle *In suprema apostolis fatigio*, mais l'Église catholique reste en marge du mouvement abolitionniste, tout en tâchant de convertir les esclaves par le biais de catéchismes en « créole ». En 1842, Jean-Claude Goux imprime à Paris un *Catéchisme en langue créole* destiné à la Martinique, exemple suivi par les catéchismes de l'abbé Monet à La Réunion et l'abbé Laval à l'île Maurice. Ces textes invoquent la puissance de Dieu et la nécessité pour les esclaves de moraliser leur vie :

> *Bon Die, li comme vent ; vent tout-patout, et nous pas save voir li, li qu'a touché nous et li qu'a bouleversé la mer.* [Dieu est comme le vent ; il est partout mais nous ne pouvons le voir, alors que nous le sentons et qu'il agite la mer.]
> *Mounn qui pas qu'a dit toutts, Bon Dié pas qu'a pardonné li ; par conséquent cela là qui dit : sa Pé pas save Bon Dié pas save, li menti.* [L'homme qui ne dit pas tout, Dieu ne lui pardonne pas ; par conséquent celui qui dit : ce que prêtre ne sait pas, Dieu l'ignore, celui-là ment]. (Catéchisme de Goux.)

La participation de l'Église catholique française à la cause abolitionniste reste extrêmement timorée. En 1847, les *Annales de la propagation de la foi*, auxquelles souscrivent 55 % des Français, ne mentionnent même pas le terme d'abolition alors que le débat

---

58. Cité par DELISLE, *op. cit.*, p. 132.

a repris depuis les premières années de la monarchie de Juillet. Certes, le journal catholique *L'Univers* lance une pétition en faveur de l'abolition de l'esclavage en 1847, mais celle-ci ne recueille que 11 000 signatures auprès de ses lecteurs, alors qu'une pétition en faveur d'une loi procléricale en recueille dans le même laps de temps 90 000[59]. Les catholiques se mobilisent surtout contre la laïcisation de la société ; l'idée chrétienne de l'égalité de tous, avancée par les Églises anglaises et américaines pour dénoncer l'esclavage, n'est pas reprise par les catholiques. Ainsi la cause abolitionniste fait-elle éclater tout ce qui sépare le catholicisme et le protestantisme.

ÉMANCIPATION, COLONISATION, INDUSTRIALISATION

Sous la Restauration, les libertés dans les colonies ont régressé : le droit de réunion a été refusé, le droit d'adresse interdit, la presse censurée. Le commerce colonial, qui bénéficie de mesures protectionnistes, représente, dans les années 1820, 10 % du commerce total. Quoique la traite soit interdite, près de 125 000 esclaves sont introduits dans les Caraïbes par des négriers français entre 1814 et 1831. Les planteurs, cherchant à profiter du nouvel essor commercial entraîné par la consommation croissante de produits coloniaux, exigent d'autres esclaves. Cependant, avec la monarchie de Juillet, les abolitionnistes reprennent espoir. La nomination comme ministre du gouvernement de Guizot, membre de la Société de la Morale chrétienne, les rassurent, tout comme elle rassure les abolitionnistes anglais, inquiets de voir la France se soucier si peu de l'émancipation des esclaves. Guizot, qui a participé à des réunions abolitionnistes en Angleterre, assure par écrit à l'abolitionniste Thomas Clarkson que l'émancipation des esclaves approche. Le 24 avril 1833, la monarchie de Juillet

---

59. Cité par Seymour DRESCHER, « Two Variants of Anti-Slavery : Religion Organizations and Social Mobilization in Britain and in France, 1780-1870 », dans Christine BOLT et Seymour DRESCHER, *Anti-Slavery, Religion and Reform : Essays in Memory of Roger Anstey*, Kent, Dawson, Archon, 1980, pp. 43-63.

accorde les droits civils et politiques aux Libres de couleur. Les maîtres sont tenus de déclarer les naissances, les mariages et les décès des esclaves. Mais ces lois ont peu d'effets aux colonies, où les maîtres continuent à refuser les mesures d'affranchissement et où les délégués du pouvoir métropolitain ne cherchent pas à imposer ces lois. À La Réunion, *La Feuille hebdomadaire de Bourbon* (26 juillet 1837) met en garde la société coloniale contre les affranchissements :

> Il faut arracher à une dangereuse oisiveté, il faut pousser au travail, et surtout au travail de la terre, nos prolétaires dont la force numérique déjà effrayante se recrute incessamment aux dépens de la classe esclave par des affranchissements inconsidérément multipliés. [...] Notre société s'en va, elle tombe en lambeaux, et si l'on ne trouve pas promptement un remède efficace, énergique au virus qui la corrode, si l'on garde une funeste inaction en présence de ces affranchissements partiels et continus qui nous minent incessamment, si l'on avise sans plus attendre aux moyens de civiliser nos classes inférieures, c'est-à-dire de leur inculquer des habitudes d'ordre et de travail, de leur inspirer le respect de la propriété, cela nous vaudrait le sort de Maurice [où l'esclavage avait été aboli en 1835].

En 1840, lors de la Convention anti-esclavagiste à Londres, le délégué français Isambert promet à l'assemblée que les 265 000 esclaves des colonies françaises seront bientôt libres[60]. Une délégation part de Londres pour rencontrer Louis-Philippe, qui affirme vouloir d'abord améliorer le sort des esclaves et les émanciper graduellement. Les abolitionnistes anglais trouvent cependant le mouvement français bien timoré. En mars 1842, une délégation de vingt-deux abolitionnistes vient à Paris, mais le ministre de l'Intérieur leur interdit toute réunion publique.

La cause abolitionniste se confond alors avec l'opposition à la monarchie de Juillet, et l'esclavage est dénoncé comme un reliquat de l'Ancien Régime lors des banquets républicains. Investi du

---

60. Il y a peu d'études sur les relations entre le mouvement abolitionniste français et le mouvement américain et anglais. Je m'appuie ici sur TEMPERLEY, *op. cit.*

devoir d'opérer la réforme morale de la société, le républicain ne peut ignorer que ce devoir signifie l'émancipation des esclaves. « J'ai eu dans la main la liberté, la dignité, l'amélioration, la *rédemption* d'une race tout entière de mes frères et ma main est restée fermée », avait déclaré Lamartine, qui s'était prononcé en 1836 pour l'abolition immédiate et totale de l'esclavage[61]. En 1842, le même Lamartine affirme :

> Nous voulons introduire graduellement, lentement, prudemment le Noir dans la jouissance des bienfaits de l'humanité auxquels nous le convions, sous la tutelle de la Mère Patrie, comme un enfant, pour la compléter et non pas, comme un sauvage, pour la ravager ! Nous le voulons aux conditions indispensables d'indemnité aux colons, d'initiation graduée pour les esclaves ; nous voulons que l'avènement des Noirs à la liberté soit un passage progressif et sûr d'un ordre à un autre ordre, et non pas un abîme où tout s'engloutisse, colons et noirs, propriété, travail et colonies !

La promesse de la liberté constituerait selon lui le « rayon d'espérance qui va briller sur les dernières heures de servitude et leur montrer de loin la liberté[62] ». La fin de l'esclavage ouvrirait la voie à une « vraie » colonisation et permettrait l'intégration des colonies à la Nation. Les abolitionnistes jugent nécessaire d'affaiblir le pouvoir des grands planteurs, qui se font appeler « maîtres », et le projet républicain ne peut admettre la perpétuation de tels archaïsmes.

Comme les Anglais, les abolitionnistes français s'efforcent de faciliter la transition d'une société pré-industrielle où le travail est une punition à une société industrielle naissante où le travail est un devoir et une récompense. Contrairement aux abolitionnistes anglais et américains, ils ne prétendent pas organiser un vaste mouvement populaire qui forcerait la main du législatif, mais convaincre l'élite gouvernante du bien-fondé de leur revendica-

---

61. Cité par Marcel DAVID, *Le Printemps de la Fraternité. Genèse et vicissitudes 1830-1851*, Paris, Aubier, 1992, p. 84. C'est moi qui souligne.

62. Alphonse de Lamartine, discours lors d'un banquet républicain donné le 10 mars 1842 à Paris.

tion. Le mouvement anglais continue à aider financièrement et idéologiquement le mouvement français, mais ses membres ne comprennent pas pourquoi les abolitionnistes français n'imitent pas leurs méthodes : pétitions, conférences, meetings, pamphlets, pression sur le Parlement. Les Anglais donnent à Cyrille Bissette, mulâtre martiniquais partisan de l'abolitionnisme, les moyens de financer une revue et un groupe de pression. Après une nouvelle tournée dans la province française, les abolitionnistes anglais impriment en français deux mille exemplaires du pamphlet *Liberté Immédiate et Absolue ou Esclavage* et financent la publication de la brochure de Guillaume de Félice, *Émancipation Immédiate et Complète des Esclaves. Appel aux Abolitionnistes* (1846). En 1843, le mouvement anglais finance la création de *L'Abolitioniste français* (sic), organe de la « Société française pour l'abolition de l'esclavage ». Dans son premier numéro, la rédaction précise sa conception de la liberté :

> Notre principe est que la liberté est un don de Dieu, don fait à toutes les races d'hommes ; qu'aucune d'elles ne peut par droit de conquête, ou de supériorité intellectuelle, ou de longue possession, s'attribuer la disposition des forces physiques et morales d'une autre race, la réduire ou la maintenir en servitude sous prétexte de l'améliorer ou de la conduire à un état ultérieur de liberté.
>
> Ce n'est pas que nous prétendions que les fers des esclaves ne doivent pas être brisés sans précaution ; mais nous les considérons comme libres par nature, et comme n'ayant besoin que d'une tutelle bienveillante et efficace de la part de l'État, pour recouvrer tous les droits dont ils n'auraient pas dû être dépouillés.

Les abolitionnistes reprennent l'idée révolutionnaire du droit naturel à la liberté, sans oser pour autant remettre en cause le statut colonial. Ils suivent avec grand intérêt les expériences du Liberia et de la Sierra Leone. Guillaume de Felice, professeur de théologie protestante et membre de la Société de la Morale chrétienne, voit dans la création du Liberia la solution à la traite et à l'esclavage. Dans sa « Notice sur la colonie du Liberia » (1831), il affirme que cette colonisation permettra le retour des Noirs en Afrique, et le développement de l'agriculture. Cette colonisation aurait aussi d'autres bénéfices : écriture des langues africaines, formation des instituteurs et, surtout, introduction du christianisme[63]. La colonisation par l'abolition de l'esclavage ferait « avancer la civilisation des Blancs et commencer celle des Noirs[64] ».

Il serait erroné de croire que l'abolitionnisme français, parce que républicain et donc laïque, échappe entièrement à une vision rédemptrice. Il souligne autant la culpabilité morale de la société, l'abjection du maître et l'humanité de l'esclave que la possibilité de rédemption sociale dans la colonie grâce à l'abolition de l'esclavage, et sa propre capacité à produire des rapports harmonieux entre les groupes. Sous la rhétorique républicaine, le christianisme apporte à l'abolitionnisme non seulement un certain nombre d'idées (dont celle de fraternité humaine), mais aussi un ton et un vocabulaire. « Dieu n'a-t-il pas créé les hommes égaux et libres ? Est-ce en vain que le Christ, il y a 1 800 ans, a apporté le dogme de la fraternité humaine ? Et ce dogme, est-ce en vain que nos pères l'ont proclamé de nouveau en 1789, dans cette trilogie sainte, inscrite en tête de la Déclaration des droits de l'homme[65] ? » Selon le Comité pour l'abolition de l'esclavage dans les colonies françaises, la France a un devoir : « faire entendre sa parole émancipatrice » ; elle a une « mission » : « conquérir le monde aux dogmes saints de l'Évangile ». Le mouvement abolitionniste envisage de répandre sur terre les préceptes célestes, mais il n'est pas toujours aisé de conformer le royaume terrestre au royaume céleste. En fait, l'abolitionnisme républicain méconnaît la dette complexe qu'il a envers la tradition chrétienne, à la fois religion de servitude et de liberté. Le ferait-il qu'il pourrait critiquer ses propres thèses, et mesurer les limitations de l'opposition où il enferme ceux-là mêmes qu'il prétendait délivrer.

---

63. Guillaume DE FELICE, « Notice sur la colonie du Liberia », *Revue encyclopédique*, 50 (1831), p. 242.

64. Cité par Paule BRASSEUR, « La littérature abolitionniste en France au XIXe siècle : l'image de l'Afrique », in F. J. Fornasiero (éd.), *Culture and Ideology in Modern France. Essays in Honour of George Rudé (1910-1993)*, University of Adelaide, Department of French Studies, 1994, pp. 17-40.

65. Comité pour l'abolition de l'esclavage.

Rares sont les groupes féministes français qui rallient le mouvement abolitionniste. En 1846, *L'Abolitioniste français* publie une « Pétition des dames de Paris en faveur de l'abolition de l'esclavage » dont le ton témoigne de la faible intervention des féministes dans le débat politique. L'esclavage est une insulte au « sexe faible », dont les qualités naturelles de douceur et de soumission doivent être mises au service d'une cause plus noble, celle d'élever dignement les enfants de la Nation :

> Quoique les femmes ne doivent prendre aucune part aux affaires politiques, il leur est permis sans doute d'intervenir dans une question de religion et d'humanité...
>
> Qu'il nous soit permis d'élever la voix en faveur de l'esclave, et surtout de la femme esclave de nos colonies ; car, si l'homme est misérable dans l'état de servitude, la femme l'est encore plus. Elle a perdu tout ce qui fait la dignité de son sexe, et c'est à peine si on peut encore lui donner le nom de femme ; ce nom que vous avez tous appris à respecter, Messieurs, dans la personne de vos mères, de vos femmes, de vos filles, et de vos sœurs...

L'abolitionnisme des ouvriers se manifeste de façon marginale, en arguant du droit du producteur à sa force de travail. La pétition du 22 janvier 1844, signée par 1 503 ouvriers et adressée au Parlement, précise leur position en soulignant que le statut du prolétaire n'est ni celui de l'esclave ni celui du serf, et en exigeant qu'en retour la force de travail ne soit pas purement et simplement extorquée aux habitants des colonies : « Quels que soient les vices de l'organisation actuelle du travail en France, l'ouvrier est libre... L'ouvrier s'appartient ; nul n'a le droit de le fouetter, de le vendre, de le séparer violemment de sa femme, de ses enfants, de ses amis. » Mais ce qui mobilise alors les ouvriers français, c'est la solidarité avec les peuples d'Europe (italien, polonais, hongrois). Dans les années 1840, et pendant la révolution de 1848, s'élabore un nouveau sujet : le citoyen ouvrier. À la faveur de l'abolition, la classe ouvrière donne cependant tacitement et progressivement son assentiment au projet impérial.

Dans la mesure où l'Occident a toujours considéré l'esclavage comme l'antithèse de la liberté (et, réciproquement, la liberté comme exclusive de toute forme d'asservissement), la fin de l'esclavage signifierait donc l'accès immédiat et entier à la liberté. De même que l'esclavage est conçu comme expropriation de soi, la liberté est pensée sous les espèces de la propriété. Qu'en serait-il d'une idée de la liberté excédant celle de propriété de soi et celle de propriété des biens ? Serait-il possible de penser l'esclavage indépendamment de cette notion ? Durant des siècles, la servitude a été la condition même du travail ; or la servitude constituait une des conditions du travail ; elle constituait une non-valeur. Tant qu'il en alla ainsi, le travail lui-même ne constitua pas une valeur, et il ne fut donc pas susceptible de permettre de définir une identité sociale. Dès le moment où ils sont arrachés à la servitude, les affranchis qui sombrent dans le vagabondage se trouvent privés en quelque sorte d'identité sociale, dans un univers où se produit le basculement en vertu duquel le travail devient la valeur dominante. L'abolition survient dans une époque de mutation de l'économie globale où le travail est en passe de constituer la valeur sur laquelle se définit l'identité.

L'esclavage encourage la paresse, l'infantilisme, la stagnation. L'abolition redonnera à la société coloniale le goût de l'effort et de l'industrie. Elle favorisera l'assimilation des Vieilles Colonies à la métropole. La société coloniale post-abolitionniste, où l'harmonie sera fondée sur la petite propriété, pourra offrir la vitrine d'une colonie réconciliée et cette réussite justifier le projet colonial. Ce projet répond au même désir qui, en métropole, anime les saint-simoniens, les fouriéristes. La Société française pour l'abolition de l'esclavage milite pour cette transformation où les vertus du travail agricole favoriseront une renaissance sociale : « Maintenir l'esclavage, c'est maintenir tous les obstacles qui s'opposent à cette régénération ; l'abolir, c'est rattacher du même coup à l'agriculture la plus grande partie de la population libre. »

La colonie, utopie d'un monde meilleur

L'esclavage est un frein au progrès moral. Il rend l'« homme vicieux et criminel en le démoralisant[66] ». Les abolitionnistes s'attachent à démontrer combien le système est immoral et donc indéfendable. S'ils recourent parfois aux arguments des économistes libéraux, les arguments moraux l'emportent, et de loin, dans leur discours. Le discours abolitionniste est donc largement un discours moral. Afin de frapper les cœurs et les imaginations, afin de susciter les bons – et même les meilleurs – sentiments, il s'appuie sur des saynètes parlantes, figurées ou pas. Que ce discours s'exprime en paroles ou se traduise en images, il suppose, comme tout discours, une mise en scène du réel. La mise en scène abolitionniste exige un spectateur, un méchant et une victime. L'esclavage met en scène un combat entre le vice et la vertu. Il impose une représentation des esclaves imprégnée de sentimentalisme. L'abolitionniste dresse un tableau mélodramatique où chacun figure dans une posture conventionnelle : le maître cruel et corrompu, l'esclave muet et souffrant.

Les abolitionnistes mettent en lumière les effets de l'esclavage ; malheureusement, en soulignant par ailleurs la nécessité de la discipline et les vertus de l'obéissance, ils favorisent le maintien des vestiges de l'esclavage, alors même qu'ils en réclament l'abolition. Ce discours, sinon double, du moins ambigu, vise sans doute à donner des gages à la fraction la moins mobilisée de la population. En outre, les abolitionnistes sous-estiment la négociation constante des rapports entre maîtres, contremaîtres et esclaves, dans les champs, les ateliers, les maisons. Comment s'effectuait cette négociation qui obligeait les maîtres à céder à certaines revendications des esclaves (avoir plus de temps à consacrer à leurs propres champs, jouir d'une journée de liberté, rester unis en

---

66. Victor SCHŒLCHER, *De l'esclavage des Noirs et de la législation coloniale*, Paris, Paulin, 1833. La citation reprend le titre du chapitre VII. Sur Schœlcher, voir les travaux de Nelly Schmidt.

famille[67]) ? Elle s'effectuait pied à pied et était toujours à recommencer : soit les maîtres essayaient de revenir sur leurs promesses, soit des esclaves récemment arrivés brisaient la solidarité de groupes plus anciens. Mais les esclaves continuaient à lutter, en s'enfuyant, en refusant d'obéir, en rusant. Par ailleurs, si les abolitionnistes dénoncent la hiérarchie imposée au nom de la race, ils sont incapables de concevoir qu'il ne suffit pas de la condamner. Ils estiment que, une fois libéré de ses chaînes, le corps de l'esclave ne sera plus un corps « noir » mais un corps « citoyen ». Malheureusement, la condamnation morale se révèle insuffisante, le racisme colonial ne se dissipe pas comme par miracle, et la citoyenneté s'en trouve « colorée ».

Désormais partisan du courant immédiatiste, Schœlcher fait paraître en 1842 *Des colonies françaises. Abolition immédiate de l'esclavage*, où il esquisse les contours de la colonie de demain. Il a voyagé aux Antilles françaises, anglaises et espagnoles ainsi qu'à Haïti pour recueillir sur le terrain les matériaux susceptibles d'étayer son argumentation. Il réfute point par point les arguments des esclavagistes qui prétendent que les Africains n'ont pas de civilisation, que les Nègres sont paresseux par nature, que l'économie des colonies exige l'esclavage. Sans les excuser, Schœlcher justifie les révoltes d'esclaves. Il critique le « préjugé de couleur » et accuse les prêtres de complicité dans l'instauration et la perpétuation de l'esclavage.

> Ce ne sont point des instructions religieuses qu'il faut aux esclaves, ce sont des instructions morales. Ce qui est nécessaire, c'est de leur enseigner les devoirs de l'honnête homme et du bon citoyen, de leur inculquer le sentiment de la dignité humaine, le goût du mariage avec la fidélité à une seule femme et réciproquement à un seul homme, comme progrès sur la promiscuité ; enfin l'amour de l'ordre, la tempérance et l'indispensabilité du travail régulier.

Cette entreprise d'éducation est semblable en tout point à celle qui se profile en France dans le but de moraliser une classe

---

67. Voir les remarques d'Ira Berlin, dans *Many Thousands Gone. The First Two Centuries of Slavery in North America*, Cambridge, Harvard University Press, 1998.

ouvrière jugée dispendieuse et débauchée. L'entreprise de moralisation menée à la colonie répond à celle menée dans la métropole. Toutes deux trahissent un même souci : coloniser des groupes récalcitrants, c'est-à-dire leur imposer un prétendu bien. Aux colonies, cependant, l'intervention de la métropole est nécessaire, car les Blancs ne sont plus capables de mener à bien l'« œuvre de transformation ». Schœlcher les juge « indignes d'en être chargés », « indignes de la mission d'instituteurs », car, « sous certains rapports, les maîtres ne sont pas plus civilisés que leurs esclaves ». Il faut donc « faire table rase et renverser le pacte social afin d'en construire un autre entièrement nouveau sur ses ruines ». La métropole sera l'agent de ce renversement. En conclusion, Schœlcher présente un « Essai de législation propre à faciliter l'émancipation en masse et spontanée ».

Avec hospices pour les vieillards, fermes agricoles pour les orphelins, hôpitaux et asiles pour les pauvres et les malheureux, conscription pour les jeunes hommes, cette colonie est calquée sur l'architecture de la plantation. Ce quadrillage généralisé de la société a produit bien d'autres types de projets, du type école, caserne, asile, maisons de correction, tous justiciables de la critique entreprise par Michel Foucault. Ce projet colonial est l'autre face du projet philanthropique en métropole. Schœlcher applaudit la proposition d'un certain Beauvallon qui préconise la formation de bataillons coloniaux. Des soldats endurcis au soleil de l'équateur pourraient même être envoyés à Alger, afin de « porter un tribut précieux et un secours efficace dans une aussi intéressante possession de la France ». Ainsi, « le voyage aux colonies deviendrait une brillante et joyeuse campagne » ! Sans doute sera-t-il encore nécessaire de punir, mais de bien punir : la construction de « sucreries pénitentiaires et sucreries criminelles » permettra de réformer les coupables qui, loin d'être des « êtres vicieux », « sont des malades à guérir » en les maintenant « dans une atmosphère d'ordre et de moralisation ». Les prisonniers devront recevoir une instruction qui « s'attacherait surtout à leur expliquer… les graves obligations du citoyen, les impérieux devoirs de l'honnête homme ». La colonie tropicale offre un espace circonscrit et donc idéalement adapté à l'exécution du programme d'éducation républicain. Non loin de Tours, la colonie agricole de Mettray pourrait servir de modèle. À l'instruction s'ajouteraient des travaux agricoles, associant de « bonne heure, dans l'esprit des enfants, des idées de plaisir aux travaux agricoles ». Le catéchisme républicain – aimer la République, aimer et respecter la France – serait enseigné dans les colonies. Le gouvernement ferait « faire de petits livres élémentaires où l'on mettra[it] en relief les avantages et la noblesse des travaux de la terre ». « Crime de lèse-civilisation », la mendicité serait punie comme l'alcoolisme afin de « prévenir le vice » et le vol, car il « est de dernière urgence de ne pas tolérer la plus légère infraction au respect dû à la propriété ». Schœlcher souhaite étendre aux colonies les lois qui répriment le vagabondage : « Celui qui ne se justifie pas de la possession d'un bien ou d'un emploi quelconque propre à le faire vivre, est tenu pour vagabond de même celui qui ne justifie pas d'un gîte. » Il s'inspire des mesures prises en Europe où le vagabondage est devenu la hantise des gouvernements. Une société policée exige que les ouvriers aient une résidence fixe. Cependant, la restructuration sociale ne peut s'appuyer uniquement sur la discipline et la menace. Il faut récompenser les vertueux et, pour cela, instituer avec tout l'appareil et toute la pompe nécessaires une « Fête de l'agriculture » dont le prix sera la concession d'un carreau de terre. Le laboureur récompensé aura une place d'honneur le jour de l'anniversaire de l'émancipation, déclaré « fête coloniale ». Schœlcher conclut en faisant appel malgré tout aux colons : « Le rôle de colons est beau vraiment s'ils veulent l'accepter : c'est celui d'éducateurs pour la race infortunée, que leurs pères leur ont laissé toute abrutie, que la morale délivre, et que la nation les supplie de régénérer. »

Les abolitionnistes sont les architectes de la reconstruction. Convaincus que l'« homme seul est naturellement porté au bien et que des hommes réunis sont enclins à la corruption lorsqu'ils ne sont soumis à aucune bonne influence », les abolitionnistes se posent en agents de la vengeance et de la rénovation. L'esclavage a corrompu les Blancs comme les Noirs et menace de corrompre la République si elle n'agit pas. L'abolition de l'esclavage devient la condition nécessaire à la réconciliation, à la paix sociale dans la colonie[68]. La servitude apparaît comme un vestige de la monarchie. En 1848, Victor Schœlcher déclare : « Dans la mesure de mes forces, je me suis consacré à l'une des grandes réparations que l'humanité se devait à elle-même. J'ai provoqué l'émancipation de nos frères, les hommes noirs, *de cette race que les gouvernements monarchiques ont mis en esclavage, et que la République va bientôt mettre en liberté*[69]. » Ainsi est tracée une ligne de partage : la République ne saurait asservir, seule la monarchie en fut capable. Pour les Quarante-huitards, « De la servitude vient le mal, c'est la servitude qu'il faut attaquer, non pas par des demi-mesures, mais par un système large et généreux, qui, sans exposer ni la vie ni la fortune des colons, rende aux classes laborieuses l'intelligence et l'énergie indispensables aux succès de leurs travaux[70] ». Ils prêchent une fraternité sentimentale qui les pousse à croire qu'un simple décret d'émancipation effacera des siècles de servitude et de racisme et instaurera des relations sociales purifiées.

LA DÉMOCRATISATION D'UNE POLITIQUE DES SENTIMENTS

À travers les discours, la littérature et l'iconographie abolitionnistes se dessine, au cours du XIXᵉ siècle, une nouvelle doctrine. L'abolition est un *devoir* ; le souci de l'unité, de l'harmonie est née des nécessités inspirées par la peur de la division sociale. La portée de l'abolition (avec le risque de ferment de discorde sociale et symbolique qu'elle implique) s'en trouve forcément limitée. La représentation du visage aimable de la paix entre frères exige l'amnésie du passé. L'État, souverain pacificateur, réconcilie les

---

68. Sur la fraternité de 1848, voir DAVID, *op. cit.* ; François FURET et Mona OZOUF (éd.), *Le Siècle de l'avènement républicain*, Paris, Gallimard, 1993 ; *Les Révolutions de 1848. Une république nouvelle*, catalogue de l'exposition « Les Révolutions de 1848. L'Europe des images », Paris, Assemblée nationale, 1998.

69. Extrait de la profession de foi de Victor Schœlcher aux élections législatives à Paris, avril 1848. Cité dans Nelly SCHMIDT, *Victor Schœlcher*, Paris, Fayard, 1994, p. 220. C'est moi qui souligne.

70. Cité par Maurice AGULHON, dans *Les Quarante-huitards*, Paris, Archives/Julliard, 1975, p. 87.

sujets au nom des valeurs du Bien commun et de l'intérêt de la Patrie, et au nom de deux impératifs : Travail et Colonisation. Colons et affranchis doivent pareillement se soumettre à l'État souverain ; mais, de toute évidence, cette soumission n'implique pas les mêmes obligations pour les uns et les autres.

Sans sous-estimer l'importance du passage du statut d'esclave à celui d'homme libre, il importe de mesurer les limites de l'abolition elle-même, les nouvelles formes de servitude et d'exclusion qu'elle entraîne, les lois et les techniques de discipline qui sont élaborées pour transformer l'esclave (être irrationnel, irresponsable et ne travaillant que sous la menace du fouet, selon l'idéologie esclavagiste) en un individu rationnel, responsable, et ayant intégré l'amour du travail salarié. En somme, avec l'abolition, le fouet est remplacé par le contrat obligatoire et le collier de servitude par la culpabilité. Les vestiges de l'esclavage contaminent l'émancipation ; le corps noir demeure le corps sur lequel s'inscrit l'abjection, la répulsion. La citoyenneté reste limitée et les droits politiques muselés. Lorsque le décret de 1848 est transformé en un « tournant » qui ferait disparaître à tout jamais deux siècles de servitude, la façon dont est reconfigurée la servitude se trouve voilée derrière le vocabulaire abstrait des droits, des relations de domination et d'exploitation.

Les doctrines abolitionnistes d'inspiration européenne, qu'elles soient millénaristes, libérales ou républicaines dans leur orientation, ouvrent la voie d'une politique de l'humanitaire. Certes, elles n'empêcheront pas le système de ségrégation raciale dit *Jim Crow* de se développer aux États-Unis, ni les politiques de conquête (conquête de l'Ouest aux États-Unis, conquêtes coloniales de la France et de l'Angleterre) de se faire, jetant ainsi une ombre sur les intentions et les convictions de leurs partisans. Ces derniers, à de rarissimes exceptions près, ne visent pas à construire une coalition des opprimés aux colonies. Ils cherchent à réformer la société métropolitaine et à instituer la colonie utopique. Certes, ces réformes constitueront, avec eux ou malgré eux, une plate-forme pour des revendications sociales et raciales dans les colonies. Cependant, l'abolitionnisme européen comporte aussi toute l'ambiguïté des causes humanitaires : marginalisation de l'étude des causes historiques et politiques d'une catastrophe (ici la traite et l'esclavage), discours des bons sentiments qui tient peu compte de l'ancrage de la violence dans les rapports humains, ambivalence envers la victime que l'on vient secourir. Le procès des maîtres n'a pas lieu et il importe de garder les colonies. Pas de justice donc, pas de mise en scène à la colonie d'une accusation des maîtres. Les victimes sont sommées de se réconcilier avec leurs bourreaux. Ce déni de justice pèsera lourd sur l'avenir des sociétés post-esclavagistes.

4.

Affranchi, citoyen, colonisé

« Rendre à Dieu ce qui lui appartient ; travailler en bons ouvriers comme vos frères de France, pour élever vos familles : voilà ce que la République vous demande par ma voix[1]. »

Le passage à une société post-esclavagiste requiert la mise en place de nouvelles lois, de transformations de régime de propriété et d'une nouvelle organisation sociale. Le décret d'abolition est signé le 27 avril 1848. L'émancipation doit devenir effective deux mois après l'arrivée des commissaires de la République chargés de l'annoncer ; mais en Martinique et en Guadeloupe, sous la pression des esclaves, les gouverneurs sont contraints d'annoncer le décret avant l'arrivée desdits commissaires. À La Réunion, le décret sera appliqué selon les conditions prévues par le gouvernement.

Les abolitionnistes, et le premier d'entre eux Victor Schœlcher, avaient promis une régénération sociale de la colonie, une réconciliation des castes et des races. Mais leur bonne volonté se heurte, d'une part, à leurs propres idéaux d'ordre et de paix sociale, à leur conception du travail et à leur vision d'une république coloniale, et, d'autre part, aux transformations économiques, sociales, scientifiques et culturelles à l'échelle mondiale. Les abolitionnistes sont confrontés à une série de problèmes qu'ils ont sous-estimés : la résistance de la société coloniale à la réconciliation raciale ; la diffi-

---

1. Déclaration de Sarda Garriga, commissaire de la République annonçant l'abolition de l'esclavage à l'île de La Réunion, 20 décembre 1848.

culté de construire de nouvelles relations sociales ; la nécessité d'une réforme profonde de l'administration ; les contradictions entre leur politique d'assimilation et la poursuite d'une politique coloniale. Mais pourquoi donc les grands propriétaires renonce-raient-ils à leurs privilèges ? S'ils sont prêts à investir dans la modernisation de l'industrie sucrière, ils ne veulent pas payer le double coût de cet investissement et d'une main-d'œuvre dont les conditions de travail seraient équivalentes à celles de travailleurs européens. Les esclaves sont remplacés par les « engagés », ces milliers de travailleurs que l'on va chercher en Inde, en Chine, en Afrique, à Madagascar et qui vont connaître des conditions de vie et de travail proches de l'esclavage. L'économie de monoculture n'est pas mise en cause. L'ordre et la paix sociale dans la colonie post-esclavagiste se font au mépris de l'idéal de fraternité révolu-tionnaire et d'égalité des citoyens.

L'émancipation des esclaves a été réalisée au nom d'une conception abstraite des liens qui régissent une société et dans une parfaite indifférence à la problématique de l'identité. Les aboli-tionnistes qui ont fondé leur discours d'émancipation sur la dénonciation des sévices infligés aux esclaves n'ont pas envisagé quelle identité les affranchis acquerraient. Ils offrent aux affranchis (mais seulement aux hommes) l'identité de citoyen français, iden-tité liée à l'exercice du droit de vote. Or, si la citoyenneté repré-sente un acquis positif, elle ne peut résoudre la question de l'iden-tité culturelle et sociale. Dans la colonie, les relations ont été marquées au fer du racisme. Une fois émancipés, que deviennent ceux qu'on appelle Cafres ou Nègres ? Des citoyens, certes, mais toujours marqués au sceau de la couleur. C'est ainsi que se forge l'identité créole ; pour les affranchis, il s'agit d'inscrire une iden-tité qui tienne compte de leur histoire et de leur culture.

C'est l'abstraction même de la conception de la liberté qui ménage le vide où ces paradoxes se développent. La liberté avait été conçue comme l'antithèse de l'esclavage. Dans la pensée euro-péenne, la notion de liberté fonde son autorité et sa légitimité sur le rejet de l'esclavage – symbole même de la corruption. Cette conception de la liberté ne tient pas compte des liens sociaux nécessaires à tout individu pour construire sa place dans le groupe.

Abolir l'esclavagisme, condamner sa brutalité, célébrer la liberté… que de nobles causes ! Mais comment l'affranchi peut-il participer à la construction de nouveaux liens quand sa propre histoire est abolie ? Dans certaines langues africaines, le terme d'esclave s'applique à toute personne sans famille, sans clan, sans lien. Ce sont les relations avec les autres qui font de vous ce que vous « êtes[2] ». Comment penser cet espace entre liberté et esclavage dans lequel le droit à la liberté ne signifie pas la fin de la servitude ? Au sein du système esclavagiste, les esclaves ressortissaient à la propriété privée au même titre que des « bien meubles » et étaient d'ailleurs recensés en tant que tels. L'abolitionnisme s'est gardé de remettre en question cette dimension et a même accepté d'accorder aux propriétaires des compensations pour les dédommager de la perte de ces « meubles ».

Qu'est-ce au juste que l'esclavage, sinon l'appropriation d'un être par un autre ? Comme le prolétaire se trouve exproprié de sa force de travail, l'esclave se trouve exproprié de sa force de travail, mais aussi de sa force de reproduction, et de ses droits civils, civiques et familiaux. C'est précisément à travers ces forces et ces droits que se construisent, ou ne se construisent pas, le sentiment subjectif et la réalité concrète de son individualité. Et c'est à travers l'atteinte portée à ces forces et à ces droits qu'ils se détruisent. L'abolition de l'esclavage est censée permettre à l'ancien esclave de se réapproprier tout ce dont il s'était trouvé spolié jusqu'alors. En se réappropriant sa force de travail, il peut accéder au statut de prolétaire. Il y a en quelque sorte transfert de propriété de l'ancien maître à l'ancien esclave, de l'exploitant à l'exploité jusqu'alors. *Dont acte.* Toutefois, l'abolition n'est que cela : la croyance en la toute-puissance de la loi, de l'acte de loi qui opère et ratifie ce transfert sur le mode de la propriété et selon sa logique. Mais qu'en est-il du reste ? Qu'en est-il de tout ce qui échappe au droit ? En négligeant précisément de prendre en compte tout ce qui échappe au droit, l'abolitionnisme réduit

---

2. Igor KOPYTOFF, « The Cultural Context of African Abolition », dans Suzanne MIERS et Richard ROBERTS (éd.), *The End of Slavery in Africa*, Madison, University of Wisconsin Press, 1988, pp. 485-506.

l'abolition à un acte de loi qui n'est qu'un acte de foi. Bien au contraire, la réappropriation devrait constituer un processus actif et constitutif de la subjectivité, c'est-à-dire un processus antinomique par rapport à un simple acte de décret et à une conception de la propriété réduite au domaine privé. Dès l'instant où la réappropriation se situe dans la sphère de la propriété privée, l'affranchi se trouve-t-il lui-même pour autant dédommagé de tout ce dont il a été lésé jusqu'alors ? En outre, puisque l'esclavage avait été fondamentalement justifié par l'idéologie de l'infériorité des races, la question raciale, loin de se résorber spontanément, remettra en question la notion de souveraineté.

L'abolition de l'esclavage dans les colonies françaises ne s'accomplit pas sans une réorganisation profonde de la société, qui est affectée tout autant par les tensions locales que par la transformation de l'Europe. L'évolution de la société post-esclavagiste est contemporaine du processus d'expansion du capitalisme dans le monde, des conquêtes coloniales et des grands mouvements migratoires qui l'accompagnent, de l'importance de la montée du scientisme et de l'idéologie du progrès dans les débats intellectuels, de découvertes scientifiques comme celles de Darwin et de Pasteur, de l'intervention grandissante de l'État dans de nombreux domaines (éducation, santé, hygiène) et aussi de l'émergence d'une société de loisirs (tourisme, vogue des eaux thermales). C'est l'âge des grandes expositions où l'Europe affiche sa puissance et son rêve d'hégémonie. C'est l'âge du capital, de l'industrie, des grandes expositions, des expéditions et des empires[3].

Dans le temps qui s'écoule entre la fin de l'esclavage (1848) et la fin du statut colonial (1946), les anciennes colonies esclavagistes françaises vont perdre de leur importance. Les gouvernements successifs se soucient d'abord de la situation intérieure et de l'empire républicain. En métropole, il faut coloniser les régions, pacifier la classe ouvrière, réguler les villes, moderniser l'agriculture,

---

3. Voir Eric HOBSBAWN, *L'Ère des empires, 1875-1914*, trad. Jacqueline Carnaud et Jacqueline Lahana, Paris, Hachette, 1997 ; *L'Ère du capital, 1848-1875*, trad. Éric Diacon, Paris, Hachette, 1997 ; G. L. MOSSE, *The Culture of Western Europe : the Nineteenth and Twentieth Century*, 1988.

industrialiser le pays, gagner la bataille de la laïcité. Outre-mer, il faut écraser les résistances à la colonisation, mettre en place une administration coloniale, exploiter les ressources, organiser l'émigration du « surplus » humain, ces pauvres, ces révolutionnaires qui vont devenir, pour beaucoup, de loyaux serviteurs de l'empire, et s'acquérir la loyauté de quelques indigènes. Dans ce contexte, les colonies post-esclavagistes ne représentent pas un enjeu primordial : elles n'ont plus la même importance stratégique, car, désormais, c'est en Asie et en Afrique que se jouent les rivalités impériales ; leur principale production, le sucre de canne, est en compétition avec le sucre de betterave. Cependant, comme ces colonies témoignent de la présence ancienne de la France outre-mer, elles occupent dans l'imaginaire colonial une place symbolique, place qu'elles revendiquent d'ailleurs. Ainsi, lors de la Première Guerre mondiale, les soldats qu'elles envoient exigent de ne pas faire partie des troupes coloniales, en se revendiquant français et non colonisés. Lors de l'Exposition coloniale de 1931, les Vieilles Colonies tiennent à apparaître comme les meilleures filles de la France, loyales, obéissantes.

Au cours du siècle qui sépare les deux abolitions (1848-1946), les Vieilles Colonies connaissent des transformations. Leur infrastructure se modernise grâce à l'ouverture de lignes de chemins de fer, de routes, de ports, d'écoles. Une classe ouvrière apparaît et, avec elle, de nouvelles revendications ; une élite créole, dont le statut n'est pas lié à la fortune terrienne, se développe et, avec elle, de nouvelles aspirations. La culture et les traditions religieuses s'enrichissent des apports asiatiques et indiens. La presse apporte à la société coloniale une ouverture sur le monde. Au cours de la première moitié du XXe siècle émerge un nouvel espace social. Les ouvriers des usines, du rail et du port s'organisent. Dans les années 1930, ils font entendre leurs voix. Ils sont soutenus par une partie de l'élite, petits fonctionnaires et enseignants qui ont tiré parti de l'éducation laïque et sont souvent membres des loges franc-maçonnes, sphère traditionnelle de propagation des idéaux républicains. L'élite des colonies post-esclavagistes est partagée entre deux camps. L'un reste fidèle à l'idée de séparation entre les races, de la suprématie des Blancs. L'autre se veut républicain. Il adopte un discours laïque et progressiste. Il donne des administrateurs à l'empire, car, pour ses membres, la colonisation implique l'expansion des idéaux et des bénéfices de la République : santé, éducation, affaiblissement des traditions et des coutumes féodales. La participation des Antillais, Guyanais et Réunionnais à la Première Guerre accélère leur demande d'une plus grande égalité[4]. Ils ont donné leur sang pour la Mère Patrie, ils ont droit à une assimilation politique plus large. L'élite républicaine et les ouvriers voient dans l'avènement du Front populaire l'occasion de faire reconnaître leurs exigences. Ils obtiennent la promulgation de certaines lois sociales, mais, fondamentalement, le statut colonial perdure. Ce n'est qu'en 1946 qu'il sera aboli et que les colonies qui avaient été esclavagistes deviendront des départements français. Ce sera là l'accomplissement d'une proposition avancée dès la Révolution française.

En effet, lors des débats constitutionnels de 1798, les révolutionnaires avaient affirmé le principe de départementalisation des colonies, qui devait aller de pair avec l'application de la Constitution, de l'émancipation et de la citoyenneté[5]. Selon Laveaux, représentant de Saint-Domingue, l'expérience même de la déportation fondait le droit des Noirs à la citoyenneté et à un droit-créance à la réparation : « Nous vous demandons le paiement de tout le temps que nous avons travaillé pour vous, nous réclamons un dédommagement pour tous les mauvais traitements que nous avons éprouvés. » Selon le constitutionnel Jean-Gérard Lacuée, il importait de changer les statuts et les appellations afin de changer les mentalités : il fallait au plus vite rebaptiser « départements » les colonies, terme qui réveillerait toujours des « idées de commerce d'hommes et d'esclavage, et les idées tout aussi funestes de dévastation et de crime ». Les révolutionnaires se demandent comment reforger un lien politique entre la France et les territoires colonisés auxquels la Révolution voulait proposer une forme de fédération. C'est cependant la conception de Boissy d'Anglas,

---

4. Prosper ÈVE, *La Première Guerre mondiale vue par les Poilus réunionnais*, Saint-Denis, La Réunion, Éditions CNH, 1992.

5. Bernard GAINOT, « La Naissance des départements d'outre-mer. La loi du 1er janvier 1798 », *Revue historique des Mascareignes*, 1 :1, juin 1998, pp. 51-74.

présentée en 1795, qui prévalut et, du coup, pesa sur les politiques coloniales républicaines à venir. Boissy d'Anglas, auquel on doit le terme d'assimilation, prônait une tutelle politique et économique des colonies. Partisan du déterminisme climatique, persuadé que le « climat seul forme le caractère des peuples » et que les Noirs sont « amis de toutes les jouissances aisées », il jugeait ceux-ci impréparés à exercer les droits et les obligations de tout citoyen. Il fallait donc les initier progressivement à l'apprentissage de la citoyenneté. D'un côté, donc, volonté d'établir un lien *entre partenaires* sur des bases nouvelles ; de l'autre, volonté de préserver la position de la France et de *placer les affranchis sous tutelle*. L'ambiguïté du legs révolutionnaire est là ; dans la sphère de la pure abstraction, affirmation des principes de la Déclaration des droits de l'homme ; dans la sphère du réel, pratique de tutelle. À travers le principe de tutelle, un compromis s'établit entre le principe d'égalité et le maintien d'un ordre hiérarchique assurant une domination. Le républicanisme héritera de cette conception du lien politique : les affranchis seront mis sous tutelle.

Près d'un siècle après l'abolition de l'esclavage, les colonisés-citoyens deviennent des citoyens. Cependant, le paradoxe demeure. Le lien politique entre la France et ses colonies prérévolutionnaires s'est construit sur le modèle familial et sur le discours abstrait des droits. La famille républicaine post-révolutionnaire englobe la colonie. Les liens familiaux paternalistes évoqués par Schœlcher, alors tissés entre la Mère Patrie et les Vieilles Colonies, constituent la trame de la future politique républicaine dans ces territoires et donnent à la relation coloniale une dimension familialiste qui permet de masquer l'héritage de l'esclavage. Or c'est peut-être ce non-avènement de l'égalité politique qui pose encore problème dans les sociétés post-esclavagistes de citoyenneté française. C'est sans doute ce roman familial, favorisant les liens et non les statuts, l'harmonie et non le contrat, imprégnant de sentimentalisme la relation métropole-colonie, qui rend presque impossible la relation d'égalité[6]. Cette conception fait fi d'une

---

6. Voir les analyses de cette situation : Alain Philippe BLÉRALD, « La citoyenneté française aux Antilles et ses paradoxes », dans Fred CONSTANT et Justin DANIEL,

réalité, celle du racisme. Or, au cours du XXe siècle, comme l'a remarqué Hannah Arendt, la notion de race devient l'un des principes organisateurs du corps politique. La culture politique des territoires qui ont connu l'esclavage a été forgée sur ce principe, et celle de la France républicaine s'y trouve soumise. La théorie « scientifique » des races, qui connaît son apogée au cours de la Troisième République, renforce ces préjugés. Le principe républicain d'égalité élève une sorte de rempart contre le racisme, mais ne peut abolir des siècles d'organisation sociale fondée sur la différenciation raciale. Il est possible de décréter l'accès à la citoyenneté des anciens esclaves, mais il n'est pas possible de décréter l'abolition des préjugés de race. La logique républicaine veut ignorer et exige d'ignorer les spécificités ethniques et culturelles. Mais comment pourrait s'effectuer le passage du statut d'esclave, c'est-à-dire d'être humain inférieur, de sous-homme en somme, au statut de citoyen à part entière et d'homme digne de ce nom, tant que diverses réalités continuent à faire obstacle à cette mutation ? La démocratisation des sociétés créoles étant contemporaine de l'essor de la notion de race, la République s'efforce de rationaliser cette contradiction. Comment cette rationalisation s'est-elle opérée dans les institutions et dans les conduites des individus ?

La conception de la liberté dans les Vieilles Colonies se nourrit du lien entre liberté et esclavage, qui, à son tour, modèle l'imaginaire politique. Cette généalogie de la notion de liberté pèse sur l'événement même, ou plutôt sur l'avènement de l'émancipation. La légitimité et la dignité de la liberté reposent entièrement sur la condamnation du symbole de la corruption qu'est l'esclavage. Liberté et esclavage se trouvent ainsi en miroir. Tous deux sont intimement imbriquées dans une relation dialectique qui ignore les réalités des liens qui se tissent entre groupes et individus. Cette relation intime interdit de concevoir la liberté hors de la

---

1946-1996. Cinquante ans de départementalisation outre-mer, Paris, L'Harmattan, 1997, pp. 193-204 ; Richard D. E. BURTON, *La Famille coloniale. La Martinique et la Mère Patrie. 1789-1992*, Paris, L'Harmattan, 1994.

contrainte ou de la souveraineté de l'individu[7]. La notion d'autonomie se trouve alors indissolublement liée à l'idée de propriété.
Les séquelles de l'esclavage hantent l'expérience de la liberté, dont
l'épopée est indissociable de l'expérience de l'asservissement des
Noirs (tout esclave est « Noir » puisque, précisément, être esclave,
c'est être Noir). L'universalisme révolutionnaire se trouve donc
entravé par sa propre logique. En élaborant un sujet universel qui
se révèle de sexe masculin et de race blanche, l'universalisme a
« blanchi » la démocratie. Alors même qu'il s'évertue à rejeter les
mécanismes de sujétion raciale, l'abolitionnisme, doctrine profondément universaliste, reconduit, sans doute à son insu, ces mêmes
mécanismes. Impasse inévitable, si l'on repense la figure de l'esclave noir comme envers du citoyen, si l'on ne comprend pas
comment la liberté n'avait pu se construire aux colonies autrement que comme synonyme de « blancheur ». La rhétorique de
l'émancipation républicaine doit nécessairement mettre en scène
l'assujettissement pour construire l'idéal du sujet républicain dans
les colonies. La reconnaissance du lien intime posé entre liberté et
esclavage reconfigure l'événement de l'émancipation et permet
d'éclairer non seulement les transformations économiques, mais
aussi les nouvelles formes d'assujettissement qui l'accompagnent.
L'accession à la liberté a un revers, si les affranchis se retrouvent
dans une double impasse : désormais libérés de l'esclavage mais
sans ressources, émancipés mais subordonnés, libres mais entravés,
libres mais débiteurs, égaux mais inférieurs, souverains mais
dominés, citoyens mais assujettis[8]. Selon Saidiya V. Hartman,
pour les affranchis des États-Unis, l'abolition consentie à titre de
don se mue en fardeau de l'individualité *(burdened individuality)*.

Selon moi, et compte tenu de l'importance de la notion de
citoyenneté dans le républicanisme français, l'abolition consentie
à titre de don ne produit qu'une *citoyenneté paradoxale*. Il importe
de souligner que c'est bien la proximité sémantique entre esclavage

---

7. Voir le développement sur liberté et esclavage par Saidiya V. HARTMAN, *op. cit.* ;
Frank McGLYNN et Seymour DRESCHER (éd.), *The Meaning of Freedom. Economics,
Politics, and Culture After Slavery*, Pittsburgh, University of Pittsburgh Press, 1992.

8. *Ibid.*, p. 117.

et race qui donne à l'émancipation son caractère singulier. Les relations de domination et d'exploitation se trouvent ainsi voilées par la terminologie des droits, terminologie à laquelle les affranchis sont mis en demeure d'adhérer, sans que soient démêlés les fils tissés entre leur assujettissement passé et leur assujettissement actuel. Le discours prônant l'émancipation des esclaves insiste sur la dette et l'épreuve : l'affranchissement est donc faussé. L'événement de 1848 représente un tournant historique d'une indéniable importance. Cependant, il importe de tenter de comprendre comment s'est mis en place l'imaginaire politique de l'assimilation et comment se sont constituées les sociétés créoles.

Revenir sur le siècle qui sépare l'abolition de l'esclavage et l'abolition du statut colonial permet de mieux comprendre les sociétés créoles, leur économie de comptoir, leurs tensions raciales et sociales, et leur mécontentement. Cela permet aussi d'analyser la gratitude teintée d'amertume et de ressentiment qui colore leurs relations avec la France. Ce balancement entre sujet colonial et sujet citoyen constitue la trame de la citoyenneté paradoxale. Le même paradoxe a été souligné par des théoriciennes telles Joan Scott, Eleni Varikas, et Chantal Mouffe en ce qui concerne les femmes. Il peut être étendu à toute la société créole. Esquisser la généalogie de cette citoyenneté paradoxale ne vise pas exclusivement à en dénoncer le passif négatif, mais à voir comment elle pourrait être convertie en valeur originale, dès l'instant où elle serait traduite dans le système juridico-politique. Ne pas lui laisser cette place, c'est encourir le risque de la voir se transformer en fantasme communautaire. Prendre conscience de cette citoyenneté paradoxale, c'est, au contraire, distinguer entre des différences qui existent mais ne devraient pas exister et des différences qui n'existent pas et qui devraient exister[9]. La conception de la citoyenneté française moderne ne ménage pas de place à la différence. L'un des aspects de la citoyenneté est le sentiment d'appartenance à une communauté, fondé sur une loyauté vis-à-vis d'une

---

9. Louise MARCIL-LACOSTE, « The Paradoxes of Pluralism », dans Chantal MOUFFE (éd.), *Dimensions of Radical Democracy. Pluralism, Citizenship, Community*, Londres, Verso, 1992, pp. 128-144.

culture qui serait commune à tous. La citoyenneté entraîne ainsi la neutralisation des différences culturelles et leur transformation en éléments folkloriques[10]. Mais, dans le cas des communautés créoles, la différence n'est pas simplement culturelle (car alors il s'agirait simplement de célébrer une culture régionale, ce qui est d'ailleurs souvent le cas). La différence est inscrite dans l'histoire politique et doit trouver son expression propre. Ce n'est pas parce que les propositions ont jusqu'à présent révélé les faiblesses et les difficultés d'une réflexion politique portant sur le rapport entre démocratie et différence que cette dimension dans les sociétés post-esclavagistes doit être niée.

MONDE DU TRAVAIL : SURVEILLANCES, PUNITIONS, RÉSISTANCES

> *« Otoué Sarda, toué la roul a nou*
> *Ton zoli kozman trinn anou dan la bou*[11]. *»*

L'abolition de 1848 exige une reconstitution du monde du travail. Les mesures prises sous la monarchie de Juillet avaient annoncé la fin de l'esclavage. Aux colonies, on se préparait à ce bouleversement. À la Guadeloupe, en 1847, le Conseil colonial, sachant l'esclavage condamné, déclare : « Nous voulons tous la liberté, mais nous la voulons pour tous, pour l'homme blanc comme pour l'homme noir. [...] Nous voulons tous la liberté, mais nous voulons en même temps l'ordre, la sécurité, le travail, et surtout le bien-être des populations qui nous sont confiées[12]. » Les colons, souvent lourdement endettés, sont dans leur majorité peu préparés à soutenir une compétition de marché. Protégés depuis toujours par les tarifs préférentiels accordés à leur produc-

---

10. Jean LECA, « Questions of Citizenship », dans MOUFFE, *op. cit.*, pp. 17-32.

11. Paroles d'une chanson de Ziskakan, groupe réunionnais de maloya. « Sarda, tu nous as trompés / Ton beau discours nous a traînés dans la boue. »

12. Cité dans Josiane FALLOPE, *Esclaves et Citoyens. Les Noirs à la Guadeloupe au XIX siècle*, Société d'histoire de la Guadeloupe, Basse-Terre, 1992, p. 337.

tion, habitués à jouir d'une main-d'œuvre servile, inquiets de la transformation sociale qui s'annonce, ils cherchent à conserver leurs privilèges. Ils s'inquiètent de préserver leur accès à une force de travail peu onéreuse. Quoique la situation diffère d'une colonie à l'autre, leurs demandes trahissent les mêmes craintes. À La Réunion, depuis plusieurs années déjà, les planteurs ont favorisé l'engagisme : des travailleurs « s'engagent » à partir dans les colonies et à travailler dans les champs de canne à sucre en signant un contrat de travail. Mais où recruter ces engagés ? Eh bien, au Mozambique, à Madagascar, dans les îles de la Sonde, en Chine, en Somalie, au Yémen. Bien entendu, ce marché est soumis à la loi du rendement et les populations à la compétitivité. Selon certains, mieux vaut s'approvisionner en Afrique, car « le Noir africain est le véritable, le seul cultivateur colonial[13] ». L'évêque de La Réunion propose d'établir sur la côte orientale de l'Afrique des missions dont le rôle serait de racheter des esclaves, afin d'en faire des travailleurs libres qui pourraient être convoyés dans l'île comme engagés. D'autres colons estiment plus intéressant d'exploiter les ressources humaines offertes par l'Inde. Ils s'adressent aux compagnies de commerce implantées dans les comptoirs français qui se mettent aussitôt à « exporter » des engagés à Bourbon. Cette initiative reçoit le soutien du gouvernement français.

Le premier chargement d'engagés indiens arrive à La Réunion en 1828[14], alors que, dans les colonies d'Amérique, les premiers engagés n'arriveront qu'à la fin de 1853. Un décret fixe leur statut : nourriture, entretien, logement, salaire, possibilité de célébrer leurs fêtes religieuses, tout est codifié. Selon les textes de loi, les engagés *ne doivent pas* être traités comme des esclaves. Or c'est bien ce que font les colons, au mépris des lois. La société coloniale oppose les engagés asiatiques aux engagés africains et malgaches,

---

13. Volsy FOCARD, *Dix-huit mois de République à l'île Bourbon, 1848-1849*, Saint-Denis, La Réunion, 1863, p. 309.

14. Voir Sully-Santa GOVINDIN, *Les Engagés indiens. Île de La Réunion, XIXᵉ siècle*, Saint-Denis de La Réunion, Azalée Éditions, 1994 ; Hai Quang HO, *Contribution à l'histoire économique de La Réunion, 1642-1848*, Paris, L'Harmattan, 1998 ; Michèle MARIMOUTOU, *Les Engagés du sucre*, Saint-Denis de La Réunion, Éditions du Tramail, 1989.

mais s'accorde à déplorer chez les uns et les autres le défaut de qualités « européennes » (goût du travail et de l'effort, docilité). Les Noirs cependant sont encore plus décriés. Dans cette société, il n'y a pas de pire sort que l'esclavage ; mais, en outre, le fait d'être esclave est assimilé au fait d'être noir. Le statut d'esclave est donc entaché d'une double ignominie, dont les engagés asiatiques tiennent à se préserver, adoptant et reconduisant ainsi eux-mêmes ces préjugés. « J'avoue », écrit en 1842 un prisonnier indien au gouverneur de l'île, « que nous ne sommes pas des Blancs de première qualité, mais nous ne sommes pas des esclaves et je pense que notre place ne doit pas être parmi les Noirs et avec les fers aux pieds. Je préfère mourir de maladie et de misère qu'être confondu avec les Noirs[15]. » Ainsi se perpétue le partage institué par l'esclavage : hiérarchie raciale et hiérarchie sociale se recoupent.

Comme dans le milieu des esclaves, il y a, dans le milieu des engagés, une grande disproportion entre le nombre d'hommes et le nombre de femmes. Ce déséquilibre ne peut qu'entraîner le métissage de la population. Cependant, en s'appuyant sur les textes de loi et sur le sentiment de leur différence, les engagés indiens vont s'attacher à préserver et à affirmer leur identité cultuelle et culturelle. Ils se révoltent, marronnent, font des procès aux colons. Aussi, dès 1831, les planteurs cessent-ils de les recruter. Ceux qui sont sur place s'organisent et créent en 1837 un syndicat. En février 1838, les Indiens Sarapa, Soubasaidou, Natchiary et Vincalois écrivent au gouverneur de l'île : « Nous avons eu l'honneur de vous adresser plusieurs fois des réclamations sur le sort des Indiens, nos compatriotes, dont nous sommes les principaux représentants et jusqu'à ce jour elles sont sans réponse, sans solution et cependant la situation de ces infortunés étrangers s'aggrave de plus en plus. » Les engagés indiens ne sont pas les seuls à refuser les conditions qui leur sont imposées. Le 10 décembre 1847, Yapsonne et Godesam, tous deux engagés chinois, sont condamnés

---

15. Cité dans Sudel FUMA, *De l'Inde du Sud à l'île de La Réunion. Les Réunionnais d'origine indienne d'après le rapport Mackenzie*, Saint-Denis, La Réunion, Université de La Réunion/G.R.A.H. TER, 1999, p. 22.

respectivement à sept et cinq ans de réclusion pour avoir résisté à un chef qui voulait les punir. Des engagés chinois sont jugés pour avoir incendié les maisons de « commandeurs » (chefs d'atelier ou de travaux agricoles). La presse locale continue cependant à exalter l'intérêt de l'engagisme et le progrès qu'il représente par rapport à l'esclavage. Selon *L'Indicateur colonial* du 25 août 1838, l'importation de travailleurs indiens, « c'est le louage d'hommes industrieux et libres qui consentent momentanément à s'expatrier et qui cèdent librement, et de leur pleine et entière volonté, leur service », alors que l'esclavage, « c'est l'exercice de la force brutale dans toute sa hideuse application : c'est un trafic de chair, d'os et de sang ». Mais, de nouveau, les colons se déclarent déçus par les engagés asiatiques, Indiens ou Chinois. « Comment », s'écrie l'un d'entre eux, « la colonie pourra-t-elle se débarrasser de ces hommes [les Indiens], inutiles tant par la faiblesse de leur constitution que par leur répugnance au travail ? » Les engagés sont qualifiés de « paresseux », de « vagabonds » rebelles. Ils constituent avec les *Créoles patates* (les Petits Blancs) et les affranchis de 1831 les classes dangereuses qui menacent l'ordre colonial. Les *Créoles patates*, qui « vivent dans la débauche, l'ivrognerie, le concubinage, le vol et le recel », entretiendraient avec les esclaves des liaisons « immorales »[16].

Une éventuelle alliance des pauvres est redoutée. La bonne société réunionnaise, hantée par cette peur, voit des complots partout. Ainsi, en mars 1836, Louis-Timogène Houat, homme libre de couleur et militant abolitionniste, est accusé d'avoir ourdi un complot réunissant esclaves et mulâtres. C'est là l'un des premiers procès politiques dans l'île. Houat a eu le tort de recevoir de la littérature abolitionniste et de nouer des liens avec des engagés indiens et des esclaves. Sur onze hommes arrêtés, quatre sont des esclaves. Le procureur est Ogé Barbaroux, fils de Barbaroux, l'un des chefs du parti girondin, et baptisé Ogé en hommage à un Libre de couleur de Saint-Domingue tué par les Blancs. Libéral et républicain, il a acquis une réputation d'homme

16. *L'Indicateur colonial*, 20 juillet 1842.

inflexible quatre ans plus tôt, lors du procès de Saint-Benoît, en requérant la déportation et la décapitation contre des esclaves révoltés. Partisan de l'idéologie de la monarchie de Juillet qui a pour devise « conservation, amélioration », et donc partisan du « progrès et la fusion des classes », il applaudit les lois d'affranchissement[17]. En France, *La Revue des colonies*, journal abolitionniste, prend parti pour Houat, alors que la presse anti-abolitionniste fustige les comploteurs. À La Réunion, le procureur prétend que le complot ne visait pas seulement à abolir l'esclavage mais à imposer l'égalité matérielle. Houat, dit-il, veut l'« égalité de toutes les classes ! L'égalité absolue entre les Blancs et les hommes de couleur ! » Son crime n'en est que plus grand. Barbaroux accuse Houat d'avoir des prétentions indignes de sa classe et de sa race, prétention qui l'ont poussé à mal faire – il « a beaucoup lu » et sans doute rêvé d'un autre monde. La preuve de sa culpabilité tient au seul fait d'avoir imaginé un soulèvement : « C'est la pensée, et la pensée seule sans résultat qui forme le crime de complot. » Le 3 août 1836, Houat et trois de ses co-accusés sont condamnés à la déportation, trois autres à cinq années de détention, et les quatre esclaves à la mise aux fers et à la déportation à l'île Sainte-Marie[18]. Houat ne bénéficie pas de l'ordonnance d'amnistie de juin 1837 et est banni de l'île pour sept ans avec tous les autres Libres. Les esclaves ne bénéficient évidemment d'aucune mesure de clémence. Exilé à Paris, Houat publie en 1844 son roman, *Les Marrons*, utopie d'une société post-esclavagiste réconciliée sous le signe du métissage[19]. En 1849, Houat sera candidat aux élections contre le même Ogé Barbaroux qui l'emportera.

Tout en recherchant de nouvelles sources de main-d'œuvre, les grands planteurs réunionnais ont entrepris de moderniser l'indus-

---

17. Voir « Exposé des faits par le Ministère public dans l'affaire des hommes de couleur », *Revue des colonies*, n° 10, avril 1837.

18. Sur le procès, voir Mercer COOK, « The Life and Writings of Louis T. Houat », *The Journal of Negro History*, 30 (1945), pp. 185-198 ; Françoise VERGÈS, « Contested Family Romances. Slaves, Workers, Children », dans *Monsters and Revolutionaries. Colonial Family Romance and Métissage*, Durham, Duke University Press, 1999.

19. Louis Timagène HOUAT, *Les Marrons*, Saint-Denis de La Réunion, CRI, 1989, et *Un proscrit de l'île de Bourbon à Paris*, Paris, Félix Malteste et Cie, 1838.

trie sucrière. Sous l'impulsion des plus dynamiques d'entre eux, tels Desbassayns et Rontaunay, certains cherchent à améliorer la qualité de leur sucre afin de faire face à la compétition du sucre de betterave. Il ne suffit plus d'augmenter la production et de s'endetter en achetant des esclaves, il faut désormais réorganiser le travail selon des principes rationnels et scientifiques. Comme les patrons européens, ces planteurs se tournent vers l'ingénieur, l'expert, nouvelle figure du monde industriel[20]. L'espace de l'usine est rationalisé ; la machine prend toute son importance. Grâce aux innovations techniques qui permettent de libérer une partie de la main-d'œuvre, les planteurs étendent la superficie des terres cultivées et donc la production de canne. S'ensuit une croissance de l'industrie sucrière, croissance financée grâce aux profits tirés de l'exploitation des esclaves[21]. La plus grande partie des planteurs réunionnais, constituée de petits et moyens propriétaires (les deux tiers des propriétaires d'esclaves en possèdent moins de cinq[22]), bénéficie de cette modernisation. Cependant, leur situation reste fragile et tous comptent bien être indemnisés si l'esclavage est aboli.

Dans les années qui précèdent l'abolition, le pouvoir colonial met en place une série de mesures destinées à contrôler les « salariés contraints » (affranchis et engagés)[23]. En effet, si l'affranchi et l'engagé ne sont pas soumis aux sévices infligés aux esclaves, s'ils peuvent changer d'employeur, et s'ils perçoivent un salaire monétaire, ils sont contraints par la faiblesse de ce salaire à se réengager aussitôt. En 1846, un arrêté institue le livret d'ouvrier où doivent être annotés tous les contrats d'engagisme. Grâce à cette législa-

---

20. Jean-Louis GERAUD, « Joseph Martial Wetzell (1793-1857) : une révolution sucrière oubliée à La Réunion », *Revue historique des Mascareignes*, 1 :1, juin 1998, pp. 113-156.

21. Voir l'excellente étude d'Hai Quang HO, *Contribution à l'histoire économique de La Réunion, 1642-1848*, Paris, L'Harmattan, 1998. Ho donne les chiffres suivants (p. 180) : le travail d'un esclave procurait environ 450 F par an à son maître, pour des dépenses d'entretien (habillement et nourriture) de 114,50 F, soit un profit de 335,50 F et un degré d'exploitation de 300 %.

22. *Ibid.*

23. Selon l'expression de l'économiste Hai Quang Ho.

tion, l'administration coloniale organise un système de salariat contraint permanent. Aux colonies comme en Europe, elle s'applique aussi à empêcher le vagabondage, grande obsession des pouvoirs. Il *faut* à toute force fixer les travailleurs à résidence afin de pouvoir les contrôler. Possibilités de recrutement, organisation de la force de travail et indemnisation dominent les débats. En avril 1846, à Bourbon, l'administration coloniale décrète par arrêté la création d'ateliers de discipline, bientôt rebaptisés *macadam* par la population. Il s'agit par là de transférer des mains des maîtres à celles de l'État le pouvoir de punir. Toujours procureur général de la colonie, Barbaroux justifie la chose en ces termes : « L'abolition de l'esclavage n'est-elle pas arrêtée en principe pour une époque plus ou moins éloignée ? N'est-il pas évident dès lors que les pouvoirs disciplinaires du maître, chaque jour soumis d'une manière plus étroite à l'autorité publique, sont destinés à passer successivement des mains du premier aux mains de l'autre[24] ? » C'est ainsi que le pouvoir disciplinaire passe d'une institution à une autre. La fin de l'esclavage doit s'accompagner d'un affaiblissement de l'autorité des maîtres et d'un renforcement de l'autorité de l'État. Les techniques de discipline, les méthodes de punition, les règles d'organisation sociale doivent répercuter cette transformation. La rupture que va constituer l'abolition de l'esclavage doit s'opérer dans un réseau de devoirs et d'obligations pour les affranchis : il faut constituer localement des réseaux favorisant la transition du travail servile au salariat contraint, de la hiérarchie raciale de l'esclavagisme au discours scientifique de la race, de la loyauté aux intérêts de l'île à la loyauté envers la Mère Patrie.

Dans les années 1840, les esclaves forment 58 % de la population réunionnaise. Grâce aux lois d'affranchissement de la monarchie de Juillet, la population libre s'accroît. Entre 1830 et 1847, un peu plus de 50 000 personnes ont été affranchies dans les colonies,

---

24. Cité par Jean-Claude LAVAL, *La Justice répressive à La Réunion de 1848 à 1870*, Saint-Benoît, La Réunion, Université populaire, 1986.

25. Je reprends ici les chiffres donnés par Guy STEHLE, « L'arrière-plan démographique de l'abolition », *Économie de La Réunion*, 98, 1998, pp. 4-7.

dont 10 % environ à La Réunion[25]. Un an avant l'abolition de l'esclavage, la population libre représente 42 % de la population de l'île, une proportion comparable à celle de la Martinique (40 %). Cependant, La Réunion diffère des Antilles et de la Guyane sur plusieurs points, et ces différences expliquent en partie la diversité d'évolution de ces colonies. À La Réunion, les Blancs constituent 31 % de la population, alors que dans les colonies des Caraïbes, ils représentent seulement 7 % de la population. Les Libres de couleur, très minoritaires, ne représentent que 11 % de la population, tandis qu'en Martinique ils en forment presque le tiers. Enfin, alors que dans les colonies d'Amérique, la proportion des femmes est supérieure à celle des hommes, ces derniers forment 57 % de la population réunionnaise sédentaire, déséquilibre aggravé chez les esclaves où les femmes ne sont que 38 %. Le taux de mortalité est élevé dans la population esclave (45 %).

En quelle réalité se traduisent ces chiffres abstraits ? Peu de Libres de couleur, donc peu de Noirs et d'Asiatiques ayant eu accès à l'éducation, à la propriété privée. Une population blanche non négligeable où la répartition des richesses est très inégale. Mais quoi de commun entre les grands planteurs et les Blancs Patates, sinon le privilège de couleur qui soude fortement cette société ? Une population esclave affaiblie par une forte mortalité et qui connaît un déséquilibre des sexes dont les conséquences n'ont pas encore été étudiées. Le déséquilibre s'aggrave après l'interdiction de la traite, car les colons recherchent avant tout une main-d'œuvre masculine. En 1848, il y a trente-huit femmes pour cent hommes, soit près d'une pour trois. Quelle peut être la vie de ces femmes ? Quelles relations peuvent s'établir entre femmes et hommes sur la base d'un tel déséquilibre ? Quelle sexualité est possible dans une telle sous-société ? Quelle sexualité est possible dans la société globale du pays ? Le métissage est le produit d'une telle aberration. Cette société est fondée sur une prédation foncière des individus (arrachés à leur terre d'origine pour être esclavagisés ou engagés) qui reconduit sans cesse la prédation de leur force de travail. Au sein d'une telle société, la circulation des femmes entre les hommes ne peut se faire sur le mode de l'échange policé, voire librement consenti : il se fait sur un mode violent et brutal, lui-même prédatoire. L'inégalité numérique se redouble du fait que l'affranchissement est plus facilement consenti aux femmes (et aux enfants), ce qui les éloigne des hommes esclaves et engagés, et peut nourrir le ressentiment de ceux-ci. Constituée pour une grande part de femmes et d'enfants, la communauté des Libres ne peut jouer un rôle décisif dans la vie politique de la colonie. Cette sous-société de couleur est donc travaillée de l'intérieur par divers ferments (disparité des sexes, diversité des statuts, variété des ethnies), elle reste fortement unie par l'exploitation à laquelle sont également soumis hommes et femmes. En effet, l'économie de la plantation repose uniquement sur le travail manuel, qu'il s'agit de faire accomplir au moindre coût par le non-Blanc. On a vu comment on faisait trimer les esclaves.

Mais comment mettre au travail les affranchis ? Cette question est au centre des discussions et des décisions de la Commission chargée d'examiner l'abolition de l'esclavage :

> Mais il n'en est pas moins permis de croire qu'après ce premier moment donné au repos, ils reviendront au travail, désormais affranchis de la contrainte et du fouet, régénérés par la liberté, transformés par une juste rémunération en une source de bien-être. [...] Le Nègre se livrera au travail, s'il y trouve un profit convenable.

Il s'agit moins de persuader les anciens esclaves de se mettre au travail que de créer une force de travail docile et productive. Les déclarations d'émancipation dans les colonies sont claires. Le 23 mai, le gouverneur de la Martinique, Rostoland, déclare :

> Citoyens de la Martinique,
> Je recommande à chacun l'oubli du passé ; je confie le maintien de l'ordre, le respect de la propriété, la réorganisation si nécessaire du travail, à tous les bons citoyens ; les perturbateurs, s'il en existait, seraient désormais réputés ennemis de la République, et, comme tels, traités avec toute la rigueur des lois.

Louis Thomas Husson, représentant de la France à la Guadeloupe, exhorte les esclaves à la patience en ces termes :

> Les esclaves désormais se marieront pour avoir un vieux père, une mère, une femme et des enfants, des frères et des sœurs, toute une

famille à nourrir et à soigner, parce qu'ainsi tout le monde sera obligé de travailler quand tout le monde sera libre.

Quand vous voudrez manifester votre joie, criez :

VIVE LE TRAVAIL !

VIVE LE MARIAGE !

Saint-Pierre, 31 mars 1848.

En somme, les discours qui annoncent l'émancipation reconduisent l'esprit de servitude. Mariage, travail, religion président à l'émancipation. Humilité, patience, modestie deviennent les vertus cardinales de la post-abolition. La déclaration officielle de Gatine, commissaire de la République envoyé à la Guadeloupe, qui est publiée dans *L'Abolitioniste français*, est un modèle du genre :

> Mes amis,
>
> [...] Vous êtes à la fois libres et citoyens français ! C'est un titre dont vous devez être fiers, il faut montrer que vous en êtes dignes.
>
> La liberté que je vous ai apportée, au nom de la France républicaine, ne serait pour vous qu'un funeste présent, si l'ordre et le travail n'étaient plus assurés que jamais. [...]
>
> Le travail ne manque à personne dans ce pays. Vous pouvez tous en avoir. Ceux qui resteraient dans l'oisiveté causeraient au Commissaire général de la République, à votre meilleur ami, une profonde affliction, car, autant que l'esclavage, l'oisiveté dégrade l'homme par les vices et la misère qu'elle engendre.

Pour ceux à qui s'adresse ce discours, la liberté n'est plus un droit, mais une vertu dont ils doivent se montrer dignes. Contrairement au maître, patriarche tyrannique, le représentant de la République incarne une figure paternelle bienveillante. Ainsi s'invente un nouveau roman familial. À La Réunion, Sarda Garriga est l'envoyé de la République. Franc-maçon et républicain, il a été secrétaire de Benjamin Constant. Les grands colons réunionnais sont prêts à l'accueillir. Lors de la première abolition de 1794, les colons de l'île de France et de Bourbon avaient chassé les commissaires venus annoncer l'abolition de l'esclavage. Cette fois-ci, l'abolition intervient dans un contexte de réorganisation économique et sociale. Le lancement massif de la culture de la canne après 1815 a entraîné un accroissement du nombre des propriétés et des terres défrichées. L'accès aux capitaux importants qu'exige la culture de la canne favorise les grands planteurs qui constituent de grands domaines. Ainsi s'opère une concentration foncière, industrielle et financière. Sur les terres fertiles de la côte, de grandes « habitations » où se pratique la monoculture de la canne ; sur les terres plus pauvres, de petites exploitations où se pratique une polyculture. La grande majorité des Blancs est constituée de petits et moyens planteurs, qui disposent de un ou deux esclaves. Le phénomène de paupérisation des Petits Blancs, qui constituent près des deux tiers de la communauté blanche, s'accélère. Ces derniers se refusent à travailler dans les plantations, car c'est un travail de « Noirs » ; ils se refusent plus encore à passer sous les ordres de *commandeurs* (chefs d'équipe) noirs. Ils se refusent aussi à apprendre les travaux artisanaux, ce qui leur imposerait de suivre un apprentissage sous les ordres de Noirs esclaves, alors la majorité des artisans. L'administration coloniale leur distribue tout d'abord des terres dans le sud-est de l'île, puis les encourage à coloniser les hauts de l'île, les terres plus fertiles de la côte ayant été prises par les « Gros Blancs ». Méprisés par les Gros Blancs, préférant le vagabondage et la rapine au travail (toujours profondément associé à la race noire et donc à la déchéance), soucieux de maintenir les privilèges (réels ou fantasmatiques) liés à leur couleur, seul capital dont ils disposent, les Petits Blancs vivent en marge de la société coloniale, tout en se métissant aux esclaves. La situation réunionnaise diffère donc de celle des colonies d'Amérique : dans une économie en plein essor dominée par la monoculture de la canne à sucre, cohabitent une communauté blanche plus importante mais profondément divisée, une communauté servile plus métissée où Malgaches, Indiens, Chinois, Africains et Créoles se côtoient et se mêlent, où le déséquilibre des sexes est très important et qui connaît une forte mortalité, une communauté d'engagés asiatiques, et un groupe réduit de Libres de couleur, essentiellement constitué de femmes et d'enfants.

Partout, dans toutes les colonies qui ont connu l'esclavage, l'application du principe des droits naturels se heurte à la nécessité de perpétuer un régime de travail forcé. Le travail manuel continue à être distribué en fonction de critères raciaux et l'application du principe du « travail libre » autorise le travail forcé. Dans les colonies anglaises est imposé l'apprentissage, c'est-à-dire l'obligation pour l'affranchi de travailler pendant un certain nombre d'années soit pour son maître, soit pour l'État. Aux États-Unis est instaurée l'obligation de travailler pour les nouveaux affranchis. Dans les colonies françaises est décrétée pour tout affranchi l'obligation de l'engagement : autrement dit, l'obligation de travailler pour un maître. Chacune des sociétés post-abolitionniste adopte des mesures contre le vagabondage, généralement châtié par l'obligation de prendre part à des travaux d'ordre public. Là encore, les choses se trouvent pensées dans la logique de la propriété, de la possession.

Le désir inassouvi de main-d'œuvre asservie, et donc de divers afflux de travailleurs, se heurte au désir de maintenir l'ordre esclavagiste où chacun était en principe assigné à une place inamovible. Juridiquement libre, l'affranchi se heurte aux obstacles mis en place pour juguler sa liberté. Dès le 24 octobre 1848, Sarda Garriga prend un arrêté qui oblige tous les esclaves à s'engager comme salariés avant le 20 décembre. Pris en défaut d'engagement, l'affranchi sera condamné aux travaux d'ateliers de discipline, en fait au *macadam*, au travail forcé pour la colonie. Quelle est donc cette liberté qui astreint à une obligation ? Telle est la question que se posent les esclaves et que deux mille d'entre eux adressent à Sarda Garriga. Ce dernier entreprend alors une tournée de l'île pour expliquer aux esclaves leurs devoirs. Selon un témoignage, « s'adressant aux futurs citoyens, il leur fait une chaleureuse allocution, l'éloge du travail, les engage à prendre des livrets, et, dépeignant la misère des anciens maîtres, il les conjure d'exiger un faible salaire, et même rien, si l'on ne peut pas les payer[26] ». Le commissaire de la République aime à répéter que la « Liberté, l'Ordre et le Travail forment un tout inséparable ». Partout, selon les chroniqueurs de l'époque, les esclaves applaudissent celui en qui ils voient leur libérateur. Finalement, le

---

26. Cité par Jacques DENIZET, *Sarda Garriga, l'homme qui avait foi en l'homme*, Saint-Denis, Réunion, Éditions CNH, 1990.

20 décembre 1848, alors qu'en France la victoire de Napoléon III aux élections signe la fin de la Deuxième République, l'abolition de l'esclavage est proclamée lors d'une messe dans la cathédrale de Saint-Denis. Soixante mille enfants, femmes, et hommes deviennent libres sous l'égide de l'Église et de la République. La déclaration de Sarda Garriga, ce 20 décembre 1848, reprend les thèmes d'un abolitionnisme prudent et conservateur :

> La liberté, vous le savez, vous impose des obligations. Soyez dignes d'elle, en montrant à la France et au monde qu'elle est inséparable de l'ordre et du travail.
> [...] Rendre à Dieu ce qui lui appartient ; travailler en bons ouvriers comme vos frères de France, pour élever vos familles : voilà ce que la République vous demande par ma voix.
> Vous avez tous pris des engagements de travail ; commencez-en dès aujourd'hui la loyale exécution. [...]
> Reconnaissance éternelle à la République française qui vous a fait libre et que votre devise soit toujours : Dieu, la France, et le Travail. Vive la République !

La devise républicaine se trouve ainsi supplantée par une nouvelle trilogie : Dieu, la France et le Travail. La tâche des républicains est double : imposer les institutions et les lois aux grands propriétaires, habitués à une certaine autonomie, et imposer les lois coloniales aux nouveaux citoyens. Dans les années qui suivent l'abolition, les arrêtés et les réglementations qui ont pour but de réorganiser la société coloniale se succèdent. Dès 1848, un des grands propriétaires de l'île, Charles Desbassayns, institue une forme de métayage où le locataire du sol paye un loyer proportionnel au montant de la récolte qu'il réalise : le colonat partiaire, qui se développe massivement dans les années 1880. La répression du vagabondage devient une véritable obsession. À en croire le juge de paix Coulon, l'existence même de la colonie dépend du maintien du travail et, pour « le maintenir, il faut punir par où l'on a péché : il faut le *travail forcé* pour maintenir le travail libre[27] ». L'administration coloniale a le même souci que les États

---

27. ADR 21 22 631 N775, 12 novembre 1852, souligné par l'auteur.

européens : comment juguler le désir des travailleurs de se déplacer, de se louer un jour ici, un jour là, de ne pas vouloir se fixer ? Si la liberté du travail consiste à louer sa force de travail, pourquoi ces hommes ne pourraient-ils être libres d'en disposer ? Pourquoi la mobilité des affranchis met-elle la société coloniale en danger ?

Plusieurs thèses sur la répression du vagabondage ont été avancées. Gilles Deleuze et Félix Guattari voient dans le nomadisme une résistance à la toute-puissance de l'État ; Michel Foucault démontre le rôle clé du vagabondage dans le Grand Enfermement qui organise l'exclusion, la négation et la domestication de l'individu. Selon l'économiste Yann Moulier Boutang, dans la genèse du salariat bridé, la répression du vagabondage traduit l'intervention des pouvoirs publics désireux d'obtenir une « fixation du travail dépendant salarié sur les territoires frontières de l'accumulation capitaliste[28] ». Cette thèse rejoint l'analyse faite par l'économiste Hai Quang Ho du cas de La Réunion. Appliquées aux colonies, ces diverses hypothèses font toutes ressortir l'importance de la fixation des travailleurs au sein d'une économie post-esclavagiste modernisée. Il ne faut cependant pas sous-estimer la dimension raciale qui anime cet acharnement à discipliner et à fixer une main-d'œuvre. Une discrimination est opérée non seulement entre vagabonds et travailleurs, mais aussi entre Blancs (qu'ils soient propriétaires, travailleurs ou vagabonds) et non-Blancs. Parmi les prisonniers et les condamnés aux ateliers de discipline, une majorité de Noirs affranchis, puis d'Indiens dominent tout autre groupe. En 1867, les condamnés aux ateliers de discipline comptent 130 affranchis, 63 Indiens, 11 Malgaches, 6 Cafres, 1 Chinois, 3 Arabes et 2 Blancs. Parmi les condamnés à la correctionnelle, 13 affranchis, 2 Indiens, 3 Malgaches, et 2 Cafres mais aucun Blanc. La dimension raciale de l'organisation du travail et de la domestication est indéniable.

Après 1848, le recours massif aux travailleurs engagés transforme profondément la population de l'île. Des dizaines de

---

28. Yann MOULIER BOUTANG, *De l'esclavage au salariat. Économie historique du salariat bridé*, Paris, PUF, ActuelMarx, 1998, p. 383.

milliers d'Africains vont être déportés à La Réunion. Liés par un contrat de dix ans, ils ne jouissent pas des mêmes garanties que les engagés indiens, qui sont sujets britanniques. Entre 1848 et 1860, 37 777 Indiens, 26 748 Africains et 423 Chinois sont débarqués dans l'île comme engagés. En 1868, l'administration coloniale renforce le dispositif répressif et approuve la constitution de troupes chargées de faire la chasse aux vagabonds. Une fois condamnés aux ateliers de discipline, ces derniers sont employés à la construction de nouvelles infrastructures dans l'île. Le recours à l'expression de travail libre masque le maintien du travail forcé.

La société réunionnaise s'appauvrit. À côté d'une petite minorité de grands propriétaires, affranchis et Petits Blancs connaissent la misère. L'Église catholique n'enseigne que soumission. Le marronnage et la survivance de croyances populaires représentent les principales formes de résistance. Toute protestation organisée est sévèrement réprimée. La faiblesse des salaires, l'impossibilité de négocier, l'impossibilité d'accéder à l'éducation constituent des obstacles à toute organisation du monde du travail. Tout en maintenant les travailleurs agricoles dans l'étroite dépendance des grands propriétaires, le colonat partiaire – forme de métayage – entretient l'illusion d'une autonomie et renforce le repli sur soi. À qui profite donc la société de plantation ? Bâtie sur l'exploitation de plusieurs vagues de population déportée, elle ne profite guère qu'à cinq ou six grandes familles. Mortalité infantile importante, paludisme endémique, alcoolisme affaiblissent la population.

MONDE CRÉOLE, IDENTITÉS ETHNIQUES

Pris entre deux abolitions (1848-1946), ce siècle voit se construire un monde créole moderne. Loin de moi l'idée de tout expliquer des problèmes actuels en fonction de ce siècle ! Loin de moi l'idée de figer l'histoire des sociétés créoles à cette période ! Tout aussi importantes sont les transformations intervenues depuis la loi de 1946 : ruptures dues aux évolutions économiques, fin d'une certaine ruralité, accroissement important de la population, arrivée massive de fonctionnaires métropolitains, accélération de l'urbanisation. En fait, à la suite d'Hobsbawn, qui a remis en question la notion même de tradition et démontré comment et pourquoi une tradition s'invente, j'estime qu'il faut se demander si ce siècle n'a pas inventé de traditions sur lesquelles nous vivons encore, en fonction desquelles se sont inscrites de nouvelles divisions ethniques et ont émergé de nouvelles façons de concevoir la vie politique et de nouvelles relations sociales. Ces traditions soustendent nombre de discours et de représentations actuels.

Prenons l'exemple de ce qu'il est convenu de dénommer les « identités ethniques » à La Réunion. Ostensiblement, la pensée politique républicaine française repose sur la résistance à toute velléité de différence culturelle affirmée comme telle à l'intérieur de la nation[29]. Or, dans cette île, dès les premières années de la colonisation, des textes de loi établissent entre Noirs et Blancs une différence qui va avoir des conséquences sociales et économiques et marquer l'imaginaire. L'article 6 du Code Noir (1685) défend aux « sujets blancs de l'un ou l'autre sexe de contracter mariage avec les Noirs à peine de punition et d'amende arbitraire ». Le même article interdit tout concubinage des Blancs et des Noirs affranchis ou nés libres avec des esclaves. L'une des premières ordonnances prises dans l'île, en 1774, par le gouverneur Jacob de La Haye interdit toute relation sexuelle entre Blancs et Noirs. Le métissage est donc interdit. Dans ce contexte où la loi même impose la ségrégation des races, le fait d'être de « sang blanc » ou de « sang noir » se trouve investi d'une nouvelle signification. Le fait d'être esclave implique automatiquement le fait d'être Noir, quoique, dès les premières années de la colonisation de l'île, les esclaves aient pu être aussi bien Indiens, Malais ou Malgaches que provenir des ports de la traite sur les côtes africaines.

---

29. Une bibliographie complète qui rendrait compte du débat de ces dernières années serait trop longue. Pour la France, les travaux de Michel Wievorka et du CADIS font référence. Aux États-Unis et en Grande-Bretagne, de nombreux chercheurs ont écrit sur le pluralisme culturel, les identités culturelles, le pluri-ethnisme, etc. On peut se référer, entre autres, aux travaux de Stuart Hall, Paul Gilroy, Kwame Anthony Appiah, Henry Louis Gates Jr, Hortense Spillers, Bell Hooks, Toni Morrison, Edward Saïd, Trinh T. Minh-ha, Wahneema Lubiano, Norma Alarcon et Michael Omi.

La différence s'articule en fonction de la couleur : on est Blanc ou on est Noir. Quelle place y a-t-il pour l'entre-deux ? L'abolition de l'esclavage entraîne une nouvelle hiérarchisation. Dès l'instant où les descendants d'esclaves accèdent au statut de citoyens, tous les groupes éprouvent le besoin de s'en démarquer, afin de se démarquer d'un héritage jugé humiliant. Inversement, certains descendants d'esclaves cherchent à s'associer à des groupes qui, de par leur origine ethnique, ne sont pas associés à l'esclavage. Ainsi se met en place une nouvelle typologie : en haut de l'échelle, les Gros Blancs, grands propriétaires qui tiennent à leur « blanchitude » ; ensuite les Petits Blancs ou Blancs Patates (*Yab* ou *Pat jone*)[30] pauvres et démunis, mais auxquels la couleur blanche assure une place au plus près des puissants ; puis les Asiatiques – Chinois *(Sinwa)* et Indiens *(Malbars)* – venus dans l'île comme « travailleurs sous contrat » et ainsi sauvés, par cette différence, de la marque infamante de l'esclavage ; et, finalement, les descendants d'esclaves *(Kaf)*[31]. Au cours de l'histoire, d'autres groupes viennent grossir cette population, dont les musulmans venus d'Inde *(Zarab)*. Cette typologie ne tient bien sûr pas compte de la créolisation des groupes, ni de leur métissage, ni du passage d'un groupe à l'autre grâce aux alliances matrimoniales ou à la dissolution de caractères physiques. Elle ne rend pas compte non plus des reconfigurations historiques, qui évoluent au gré des vagues d'immigration et se recomposent selon de nouvelles démarcations. Il reste à faire une histoire des mouvements de créolisation, de l'émergence et du reflux de nouvelles identités ethniques et des fictions qui s'y rattachent. Cependant, cette typologie marque suffisamment la société réunionnaise pour qu'il faille en faire état ; elle est née dans les années qui suivent l'émancipation de l'esclavage, alors que la société cherche à se trouver de nouvelles marques. Elle subit l'influence à la fois des idéologies des races que l'Europe développe et des peurs de chaos social que nourrit la

---

30. *Yab* ou *Pat jone* (pattes jaunes) : nom donné aux Petits Blancs.

31. Sur les représentations du Noir à La Réunion, voir : Rose-May NICOLE, *Noirs, Cafres et Créoles. Étude de la représentation du non-blanc réunionnais. Documents et littératures réunionnaises*, Paris, L'Harmattan, 1996.

bonne société de l'île. Elle constitue l'écho, reconfiguré dans les colonies, du mouvement colonisateur engagé par la France sur son propre territoire. Dans la mesure où elle s'est construite et renforcée sur une vision hiérarchique des races, la société coloniale est particulièrement taraudée par la peur des métis « insituables », car participant d'au moins deux groupes (ou plus) et toujours soupçonnés de vouloir se fondre dans la société blanche. Au sein d'une société globale où le sens même de l'identité s'appuie sur des différences ethniques extrêmement tranchées, mais où la micro-société blanche se veut homogène pour se vivre telle, le métis représente un ferment de trouble.

Au XIXᵉ siècle, la typologie raciale locale trouve sa légitimité dans les thèses européennes. L'élite réunionnaise aspire à participer au grand mouvement des idées visant à fonder une science des races. Dans les années qui suivent l'abolition de l'esclavage, cette élite se passionne pour la craniologie. À côté de crânes et de squelettes d'animaux, le conservateur du Muséum recueille des crânes de *Kaf* et de *Malbars*. En 1863, une série de photographies anthropométriques est réalisée dans l'île afin de répertorier les « types » locaux[32]. Les clichés montrent des femmes et des hommes, nus ou partiellement habillés, de face, de profil ou de dos, ainsi légendés : « Malgache de face » (une femme avec la poitrine dénudée), « Malgache de dos » (une femme nue), « Noirs mozambicains à La Réunion » (trois hommes nus, l'un de profil, l'un de face, le dernier de dos), « Métis arabe-indien (nu de face), « Chinois de profil », « Annamite de face », « Chinois de dos », etc. La Réunion apporte ainsi sa contribution à la « catégorisation » des êtres humains en « types » dont les caractères physiques recou-peraient des caractères moraux et psychologiques. Dans une lettre aux exposants préparant l'Exposition universelle de 1867, Patu de Rosemont, notable local, mentionne sous la rubrique « Produits divers » que « Son Excellence, le ministre de la Marine recom-mande particulièrement les photographies représentant les princi-paux types de la race humaine et les costumes des diverses

---

32. *Chambre noire, chants obscurs. Photographies anthropométriques de Désiré Charnay. Types de La Réunion, 1863*, Saint-Denis, La Réunion, Conseil général, 1994.

nations[33] ». La catégorisation en « types » se veut pédagogique : il s'agit de *montrer* la diversité humaine et de l'archiver. L'image est le médium d'élection de cette pédagogie. Discours politique, anthropologique et ethnologique s'articulent dans cette mise en image de l'« indigène ». L'imaginaire colonial se nourrit de ces images[34]. Ce « discours du photographe », pour reprendre l'expression d'Albert Memmi, produit du pittoresque, de l'exotisme. Il offre au regard l'image de « toutes les races » et de « la beauté du corps humain »[35]. Dans cette grande bibliothèque coloniale, La Réunion trouve sa place. Les représentations de ses groupes ethniques confortent la typologie impériale : au sommet, les Blancs, puis les Asiatiques, enfin les métis et (au plus bas) les Noirs.

Au cours du XXe siècle, l'île se réinvente « blanche », à peine touchée par le métissage et l'Afrique. Deux très prolifiques écrivains réunionnais, républicains et avocats de l'empire, Marius et Ary Leblond, chantent sa spécificité, celle d'avoir une importante population blanche[36]. Les Leblond célèbrent les Petits Blancs, les réinventent Bretons, Celtes, dépositaires d'une francité inaltérée. Cette fiction va jusqu'à faire de l'île une « partie effondrée de l'Asie, et plus particulièrement de l'Inde, dont elle garde les caractères[37] ». Qu'ils soient produits par des auteurs républicains ou

---

33. *Ibid.,* p. 20.

34. Sur ces questions, voir Nicolas BANCEL, Pascal BLANCHARD et Francis DELABARRE, *Images d'empire. 1930-1960*, Paris, Éditions de la Martinière, La Documentation française, 1997 ; Pascal BLANCHARD *et al.*, *L'Autre et Nous. Scènes et types*, Paris Syros/ACHAC, 1995 ; « Imaginaire colonial, figures de l'immigré », *Hommes et migrations*, 1207, mai-juin 1997 ; *Images et colonies*, Paris, BDIC/ACHAC, 1993 ; « Miroirs du colonialisme », *Terrains 28*, Mars 1997.

35. Titre d'une série de cinq fascicules publiés à Paris en 1931.

36. Les Leblond ne sont frères qu'en littérature. Georges Athénas (Marius Leblond) et Aimé Merlo (Ary Leblond) ont connu un réel succès dans la première partie du XXe siècle. En 1910, ils reçoivent le prix Goncourt pour *En France*. Ils publient en 1926 une défense du roman colonial qu'ils opposent à l'exotisme d'un Pierre Loti : « Révoltés d'être traités en cousins pauvres, [ils] demandent que le public français s'intéresse aux héros jaunes ou noirs des romans coloniaux, aux aspirations et souffrances des sujets de nos territoires, autant qu'aux moujiks des romanciers russes. »

37. Jacques CHARRIER, « La Réunion », *L'Empire français*, n° 329-332, janvier-avril 1942, pp. 65-67.

pétainistes, auteurs réunionnais ou français, le but de ces récits est de nier l'apport afro-malgache, d'éloigner l'île de toute « pollution » par l'Afrique et de la distinguer de ses sœurs des Antilles, plus « noires », plus africaines. Dans ces récits, La Réunion devient une « île de douceurs », où l'esclavage ne fut jamais aussi dur qu'en Amérique, et où, après l'abolition, les esclaves restèrent auprès de leurs maîtres. La typologie des races suit cette évolution. Le métissage de la population est reconnu, mais il ne saurait affecter la société blanche, comme l'illustre la littérature. Dans leur roman, *Le Zézère, amours de Blancs et de Noirs* (1903), les Leblond décrivent en exergue les « races » locales :

> La population est un mélange, harmonisé déjà depuis un siècle, de peuplades venues d'Asie, de l'Insulinde, de la Guinée et du Mozambique. Le Chinois voluptueux, amateur de femmes et friand de calcul, indolent et subtil en malice, fumeur d'opium et casanier, parasite du grouillement des villes ; l'Indien exalté et dolent, propre et élégant, leste et musicien, porteur de bijoux et maniant une langue argentine, souple et rustique, hommes des jardins potagers et amis de la campagne ; le Cafre rude, passionné aux joies de la lutte et de la danse massives, batailleur et réaliste, taciturne et travailleur, goulu, sauvage, attaché au sable et au littoral comme aux plaines volcaniques ; le Malgache amoureux, lascif et souvent obscène, méditatif comme un insulaire, colère et orgiaque, tapageur, tous ont mis en commun, sur une île étroite, leurs tempéraments divers que la nature hybride du mulâtre résume curieusement dans son type, ses mœurs et son langage.

Les Leblond redoutent avant tout les « sang-mêlés ». Aussi construisent-ils deux mondes hétérogènes : face à celui des Blancs, se dresse celui de tous les Autres. Ils interprètent la géographie de l'île comme une preuve du non-métissage de ces deux mondes : sur la côte un chapelet de noms chrétiens – Saint-Paul, Saint-Joseph, Sainte-Marie, Saint-Denis, Sainte-Rose, etc. –, le monde de la douceur et de la civilisation ; à l'intérieur, le monde noir et sauvage avec ses noms malgaches, Dimitile, Cilaos, Mafate.

La Réunion aurait conservé une pureté ; or cette *distinction*, qui l'isole des terres voisines (africaines et asiatiques), lui impose un rôle, celle d'être une « colonie qui colonise », un avant-poste de l'empire. À travers ce discours, l'île se reconstruit une image, se donne une importance. C'est parmi des Réunionnais – ministres dans les gouvernements français, hommes politiques locaux, journalistes, écrivains – que se recrutent les plus fervents partisans de la conquête coloniale de Madagascar. C'est au nom de leur francité qu'ils jugent légitime de participer à la conquête de la Grande Île. L'île de La Réunion aurait produit une « race colonisatrice » qui « se pique avant tout, par la fierté de ses qualités physiques ou intellectuelles et si l'on veut par son aimable vantardise, de préserver et de propager dans sa pureté le génie français[38] ». Les livres d'école propagent cette image. Le texte du livre de cours moyen « Histoire et Géographie de l'Île de La Réunion », publié en 1923, reprend de nombreux thèmes du discours de la francité. L'auteur, Paul Hermann, parle d'un groupe de « Blancs purs, nés d'Européens, la plupart cultivés », qu'il oppose à une masse de métis illettrés ; sur l'esclavage, il déclare que « le Malgache, imprévoyant et ivrogne, sera toutefois moins recherché que le Cafre dont la haute stature, la force, la ténacité et la longévité sont proverbiales ». Les textes élaborent l'image d'un Eden, d'une société harmonieuse, alors que celle-ci est divisée, traversée par la violence. Le sentiment que la France l'abandonne, sentiment renforcé par l'éloignement géographique et l'importance négligeable de l'île au sein de la politique impériale, donne au discours réunionnais exaltant la francité une caractère pathétique. Tenu par des Réunionnais éduqués, ce discours cherche à rehausser l'importance de l'île. Aussi toute la prose qu'y consacrent les Leblond brille-t-elle par l'hyperbole. « On reste émerveillé de cette qualité supérieure, géniale de l'île et de ses enfants », écrivent-ils, « c'est une île de génie », « divine », « hellénique », « de douceur suave ». Loin d'être limité à l'élite, cette attitude, extrêmement répandue, n'est que le fruit de l'insularité, insularité qui ne peut s'accepter comme telle. Comment ne pas reconnaître que l'île n'est qu'un lieu parmi tant d'autres ? Comment s'avouer que l'insularité est

---

38. Marius et Ary LEBLOND, « La Réunion et son musée », *La Vie*, 11 mai 1912, pp. 372-374.

un fait qui n'est pas plus à exalter qu'à négliger ? L'insularité entretient le ressentiment et nourrit une image de soi fragile, car appuyée sur une surestimation que la réalité vient bien souvent battre en brèche. Ici, la France se voit assigner une double place : celle de l'objet surinvesti et excessivement désiré et celle de la mère indifférente. Le discours de la francité est à la fois plainte et accusation. Cette fiction de la francité justifie un immobilisme local et la nostalgie d'un passé reconstruit : on attend tout de la France dont on se juge incompris. L'idéologie abolitionniste donne à la fiction de la francité certains de ses arguments et nombre de ses représentations. En présentant l'abolition comme une dette envers la France, en soutenant une politique de citoyenneté paradoxale, l'abolitionnisme inaugure une francité dont l'élite réunionnaise va s'emparer pour la retravailler.

Crime et indemnisation

La question du dommage prend un aspect particulier lors de l'abolition de l'esclavage. En effet, comment réparer ce crime ? Quel est le devoir de la République envers les maîtres et envers les esclaves ? Comment va-t-elle penser sa politique de réparation ? On a vu combien les abolitionnistes avaient en horreur l'esclavage et combien ils fustigeaient les maîtres. Cependant, une fois confrontés à la réalité coloniale, ils choisissent une politique qui favorisera l'élite des planteurs. Le pouvoir économique restera aux mains des planteurs blancs, le pouvoir politique sera en principe partagé entre Blancs et affranchis.

Une commission chargée d'examiner les conditions nécessaires à l'abolition de l'esclavage dans les colonies françaises est créée dès les premiers jours de la Deuxième République. Reconnu comme expert des questions coloniales françaises, Victor Schœlcher est nommé par Arago sous-secrétaire d'État aux Colonies et président de la Commission d'abolition de l'esclavage. La Commission, qui commence ses travaux le 6 mars 1848, soutient le principe selon lequel tout esclave pénétrant dans un territoire français devient libre, car elle entrevoit les bénéfices à tirer de cette politique : « Les

Nègres auront intérêt à fuir vers nous en Algérie, et ce sont des hommes bien plus propres que les Arabes à entrer dans nos voies de civilisation », déclare Perrinon, l'un de ses membres. La Commission discute de l'orientation économique des colonies, des compensations financières à accorder aux propriétaires d'esclaves, des mesures à prendre afin d'assurer le travail des affranchis et de garantir l'exercice de leur droit de vote.

L'article 5 du décret du 27 avril 1848 prévoit l'indemnisation des colons. Ces derniers développent une argumentation en faveur de l'indemnisation où se manifeste toute l'ambiguïté d'une organisation sociale, culturelle et économique qui insulte la morale européenne mais qui a servi son économie et justifié sa mission pendant des siècles. La responsabilité de l'esclavage ne leur incombant pas, pourquoi devraient-ils en payer le prix ? Telle est la position des auteurs de l'adresse et la protestation envoyée en 1848 par l'Assemblée des délégués des communes de La Réunion à l'Assemblée nationale : « Les colons n'ont pas fait l'esclavage, ils l'ont subi [...]. Ils étaient, ce qu'ils sont encore, gouvernés par des hommes qu'ils n'ont pas choisis, soumis à des lois qu'ils n'ont pas faites, souvent maltraités, toujours dévoués à la France. » Certes, les colons oublient aisément les profits qu'ils ont tirés de l'esclavage, mais leur déclaration n'en souligne pas moins les contradictions de la métropole coloniale. Pour eux, ils « n'ont pas commis un crime », car « l'esclavage est une organisation du travail qui a ses avantages, qui a ses inconvénients. C'est une institution qui a créé des États puissants, enrichi le commerce européen, préparé à la civilisation des hommes arrachés à la barbarie ». La responsabilité du crime doit donc être partagée : n'est-il pas injuste d'en rendre les colons seuls responsables ? Les colons interrogent ainsi à leur manière la situation coloniale : qui a finalement le pouvoir politique dans les colonies ? Le non-lieu que la France s'accorde après des siècles de participation à la traite et à l'esclavage est-il justifié ?

La commission de Broglie avait proposé une indemnité de 300 millions, soit 1 200 francs par tête d'esclave. La commission de la Deuxième République propose 126 millions de francs. L'opposition de Schœlcher à l'indemnisation exclusive des maîtres ne convainc pas la commission, et la proposition d'indemnisation est adoptée par la loi du 30 avril 1849[39]. La loi prévoit une rente annuelle de 6 millions de francs et l'un de ses articles stipule qu'une partie de la rente doit être consacrée à la création d'une banque pour les grands planteurs. À travers l'indemnisation des propriétaires d'esclaves se trouve reconnue la dette de l'État français envers le système esclavagiste. Ce dernier a favorisé les fortunes des grands ports, des sociétés de transport et d'import-export, ainsi que les professions qui vivaient en partie de la traite et de l'esclavage – notaires, médecins, charpentiers, marins, contremaîtres, juges... Pourquoi les colons reçoivent-ils une compensation financière et sont-ils intégrés à la Nation sans que leur responsabilité se trouve remise en question et évaluée ? Pourquoi les dommages économiques subis par les esclaves ne sont-ils pas reconnus ?

Les esclaves se voient accorder la liberté, et du coup se retrouvent en dette vis-à-vis de la République. Pour les affranchis, l'abolition crée une situation profondément paradoxale : libérés de l'esclavage mais désormais sans ressources, fraîchement émancipés mais toujours subordonnés, autonomes mais en dette, égaux mais toujours inférieurs, êtres souverains mais toujours dominés, citoyens mais toujours colonisés. L'abolition est présentée comme un « don » de la République. Or, qui dit don dit dette – dette dont les affranchis doivent s'acquitter en devenant de bons colonisés, de bons chrétiens, de bons travailleurs. L'esclave était la propriété du maître, l'affranchi devient l'enfant de la République. Aux colonies, le principe de la primogéniture est préservé. S'il y a fraternité, c'est celle où le grand frère blanc, de la métropole, guide le petit frère colonisé. Les abolitionnistes présentent les liens entre métropole et colonie comme des liens familiaux. En puisant dans le registre du don, de la réconciliation, de l'harmonie, l'abolitionnisme

---

39. L'indemnité n'est pas la même dans chaque colonie : à la Guadeloupe, elle est de 469,53 F par esclave ; à La Réunion de 711,59 F ; à la Martinique de 425,34 F ; à la Guyane de 624,66 F. La différence s'appuie, selon Nadine Ricaud, sur une étude sur la valeur vénale des esclaves faite par la commission de 1840. La Réunion reçoit la part la plus importante de l'indemnité. Voir FALLOPE, *op. cit.* ; HO, *op. cit.* ; et Nadine RICAUD, « La création de la banque coloniale à La Réunion », *Revue historique des Mascareignes*, 1 : 1, juin 1998, pp. 157-168.

introduit de l'affectivité dans des rapports politiques, de l'affectif dans le politique. La violence post-esclavagiste avance masquée. La « liberté », c'est dès lors le « droit de travailler pour les maîtres. Elle se mérite par là », telle est l'opinion d'Édouard Glissant.

En 1946, les députés coloniaux qui défendent la loi de départementalisation écartent la question de l'esclavage comme fondement possible d'une politique de réparation. Selon eux, le dommage subi par les Vieilles Colonies est imputable aux féodaux locaux. Ils dressent le tableau de la pauvreté et de la misère qui y règnent. La République doit les aider à affaiblir le pouvoir politique et économique des grands planteurs, car d'après Aimé Césaire, rapporteur de la loi, la République doit « mener à sa conclusion logique le processus évolutif commencé depuis un siècle et couronner l'édifice dont la IIIe République a jeté les bases ». Les députés de La Réunion, Raymond Vergès et Léon de Lepervanche, soutiennent ces arguments. 1946 serait donc l'accomplissement de 1848. L'assimilation politique constituerait la réparation du crime de l'esclavage et des inégalités du colonialisme.

SUJET ET CITOYEN

Les démocraties issues des révolutions se sont accommodées de l'esclavage. Dans une société pourtant issue de l'affirmation des principes d'égalité et de liberté, l'asservissement et l'exclusion de tout un groupe racial ont persisté à être justifiés. La pensée progressiste française se refuse à considérer que la notion de race puisse jouer un rôle central dans la société esclavagiste puis coloniale. Les tenants de l'idéologie de progrès veulent croire que les Noirs pourraient être transformés en Blancs, pour peu qu'on leur inculque les bonnes manières, avec les valeurs d'obéissance et de docilité. En métropole, les provinces seront colonisées comme le seront des peuples non européens. Cependant, l'éloignement géographique, l'indifférence avec laquelle la France traite les Vieilles Colonies – une fois conquis des territoires comme l'Algérie – et leur abandon au pouvoir des potentats locaux prolongeront la situation paradoxale dans laquelle les a placées l'abolition.

Ainsi s'élabore dans les Vieilles Colonies une *citoyenneté para-doxale*. En raison des particularités du statut colonial, l'évolution démocratique promise en 1848 reste pratiquement lettre morte. La pleine citoyenneté n'est que très lentement acquise. La République n'offre aux masses aucune éducation à la démocratie ; l'administration coloniale décourage la participation des affranchis à la vie politique, favorisant le clientélisme, délaissant une population toujours soumise au pouvoir des grands propriétaires, laissant agir leurs nervis. Violence, fraude électorale, intimidations caractérisent la vie politique dans les Vieilles Colonies, marquant pour de nombreuses années le monde politique.

Pour les Vieilles Colonies, le décret d'abolition constitue le texte fondateur de la citoyenneté. Mais, loin de permettre et de simplifier l'accession au rang de citoyen, il génère des images contradictoires[40]. Naguère esclaves et dépendants des maîtres, les habitants des Vieilles Colonies deviennent citoyens et *enfants* de la Mère Patrie, lointaine puissance tutélaire. 1848 institue une triple ligne de partage : d'une part, entre possédants et exploités dans la colonie même, d'autre part, entre les colons et la métropole, et, finalement, au sein même de la République, entre la métropole et ses colonies. Ainsi la métropole joue-t-elle le rôle d'un tiers, tiers vers lequel se tournent les exploités afin de limiter le pouvoir local des colons, classe perçue comme une aristocratie de caste et de race. Mais la métropole incarne aussi le pouvoir qui protégeait de cette aristocratie. D'où, chez les affranchis-citoyens, une image double, où la métropole est à la fois mère et marâtre – puissance opprimante et contre-puissance prétendument avocate de la Déclaration des droits de l'homme et du citoyen. Dans les sociétés esclavagistes, c'est tout naturellement, pourrait-on dire, que le Blanc se trouve associé à la citoyenneté. Et c'est tout logiquement que la citoyenneté se définit en fonction de traits censément propres au Blanc (rigueur, discipline, travail, famille). Loin d'être une notion neutre, la citoyenneté se trouve alors racialisée. Pour

---

40. Sur la fonction fondatrice du texte, voir Pierre LEGENDRE, *Leçons VI. Les enfants du texte. Étude sur la fonction parentale des États*, Paris, Fayard, 1992.

devenir citoyen, l'affranchi doit donc imiter le Blanc, acquérir ses prétendues qualités.

Le gouvernement provisoire de la Deuxième République institue le suffrage « universel » (en fait réservé aux hommes) le 5 mars 1848. Aux Antilles, les candidats prônent tous l'« oubli du passé » au nom de la « réconciliation sociale ». Les maîtres mots sont « Ordre et Travail ». Ainsi Schœlcher déclare-t-il à ses électeurs : « Travaillez, vous que la patrie admet au rang de ses fils ; c'est par le travail que vous conquerrez l'estime de vos concitoyens d'Europe. » Schœlcher attribue au suffrage universel le même rôle que lui prêtent de nombreux républicains : « Le suffrage universel, en rapprochant le Blanc et le Nègre, le riche et le pauvre, le grand colon et le propriétaire, est un des plus efficaces, des plus puissants moyens d'opérer la fusion des races[41]. » Ainsi s'impose l'idée du suffrage universel « symbole de la concorde nationale », « naissance nouvelle, baptême, régénération »[42], symbole de la réconciliation des classes en métropole, comme des castes et des races dans la colonie. Cependant, dans la colonie comme dans la métropole, la perspective de l'intégration politique des classes populaires soulève quelque appréhension parmi les colons. Dans la colonie, l'inquiétude de voir la plèbe investir la scène de la représentation politique est renforcée par les préjugés racistes. À La Réunion, les colons s'écrient : « Il est malheureusement incontestable que les élections ne peuvent qu'exercer l'influence la plus fâcheuse sur le moral des affranchis. On sait l'agitation et le bruit qu'elles répandent au sein même des classes éclairées de la population. Que sera-ce donc chez ces hommes nouveaux, chez ces esprits mobiles et avides de dérangement[43] ? » Et de s'exclamer : « Sont-ils français ces Cafres, ces

---

41. *Le Jury aux colonies*, Paris, p. 64. Cité dans Nelly SCHMIDT, *Victor Schœlcher*, Paris, Fayard, 1994, p. 220.

42. Françoise MÉLONIO, « 1848, la république intempestive », dans François FURET et Mona OZOUF (éd.), *Le Siècle de l'avènement républicain, op. cit.*, pp. 391-413, ici p. 391.

43. *Le Moniteur de La Réunion*, Saint-Denis, n° 62, 1ᵉʳ août 1848, p. 1. Cité dans la remarquable étude de Sudel FUMA, *Esclaves et citoyens, le destin de 62 000 Réunionnais. Histoire de l'insertion des affranchis de 1848 dans la société réunionnaise*, Saint-Denis, La Réunion, Fondation pour la recherche et le développement dans l'océan Indien, 1982.

Malgaches, ces Malais, esclaves de leur pays, qui ont été importés dans la colonie et qui y ont vécu esclaves[44] ? » Le droit de vote accordé aux Noirs réveille chez les républicains de vieilles peurs, peurs largement répandues dans d'autres sphères. À La Réunion, il faut faire en sorte que les « Noirs épargnent à l'urne française l'humiliation de recevoir des suffrages africains[45] ». En reprenant l'image forgée par Nancy Stepan, on pourrait dire que la bataille contre l'esclavage a été gagnée, mais la guerre contre le racisme, perdue[46]. Le commissaire de la République conseille aux affranchis de « se faire guider par leurs anciens maîtres », et même de « s'abstenir s'ils ont la moindre répugnance à voter[47] ». Les candidats du parti colonial sont élus avec le soutien de Sarda Garriga. Aux Antilles, les élections opposent deux abolitionnistes : Bissette, qui prêche maintenant l'alliance avec les grands propriétaires, et Schœlcher. Les femmes, bien que privées du droit de vote, participent activement à la campagne électorale et se partagent entre les deux candidats[48]. Elles organisent des charivaris, composent des chansons, créent des associations de soutien aux candidats. Bissette gagne à la Martinique, mais Schœlcher l'emporte à la Guadeloupe.

L'inclusion des nouveaux citoyens se montre problématique. Accablés sous le poids d'un fardeau moral, les affranchis doivent par leurs attitudes et leurs propos se montrer « dignes » d'une citoyenneté qui, pour eux, n'est pas un droit mais un devoir. La voie du sacrifice sera l'une des voies d'accès à une citoyenneté masculine. Être un soldat et verser son sang pour la Mère Patrie : voilà quelle fut pour les colonisés l'un des arguments permettant de revendiquer une égalité formelle. Aussi pourrait-on appliquer à la colonie les réserves formulées par Pierre Rosanvallon quant au suffrage universel en métropole : tous sont d'accord sur le prin-

---

44. *Feuille hebdomadaire de La Réunion*, Saint-Denis, n° 1598, 13 août 1849, p. 1.

45. *Le Moniteur de La Réunion*, Saint-Denis, n° 71, 13 octobre 1849, p. 2.

46. Nancy STEPAN, *The Idea of Race in Science : Great-Britain 1800-1960*, Londres, Macmillan, 1982.

47. Cité dans DENIZET, *op. cit.*, p. 108.

48. Gilbert PAGO, *Les Femmes et la liquidation du système esclavagiste à la Martinique, 1848-1852*, Martinique, Ibis Rouge Éditions, 1998.

cipe, mais beaucoup en craignent les effets. Qu'attendre de prolétaires, de sans-logis, de gens sans attaches ? Qu'espérer les voir
comprendre au bien public ? Les affranchis puisent les valeurs de
leur émancipation dans l'idéal républicain. Pour eux, l'intégration
dans la République signifie la réalisation de la liberté et de l'égalité. Devenus citoyens français, ils entendent exiger la pleine
reconnaissance de leurs droits. Ils ne peuvent retourner sur la terre
de leurs ancêtres. Ils sont désormais membres de la nation française, même si cette dernière ne semble pas vouloir les accepter
sans réserve. Que peuvent-ils faire pour se faire admettre en son
sein, sinon la convaincre qu'ils sont ses plus proches, ses plus
fidèles alliés dans les Vieilles Colonies, contrairement aux grands
propriétaires, qui ont toujours été prêts à se vendre à d'autres puissances ! Pour la plupart, les descendants d'esclaves continuent à se
fier à la France et à payer la dette qu'elle leur a imposée.

Sous le Second Empire, les républicains perdent les libertés qui
leur avaient été accordées en 1848. Sous la Troisième République,
ils recouvrent ces libertés. À La Réunion, la vie politique reste
cependant exercée par une très faible minorité. Les élections sont
marquées par l'abstention : quasi générale chez les masses illettrées
et notable chez les classes instruites[49]. La fraude électorale s'installe. Elle deviendra l'un des traits dominants de la vie politique
au cours des années à venir, avec ses conséquences – clientélisme,
violence, mépris du débat et de la démocratie. L'élite adopte une
forme de républicanisme modéré, qu'elle oppose au monarchisme
montagnard défendu par une minorité active de grands planteurs.
Dans leur majorité, les colons acceptent la République, pourvu
qu'elle ne mette pas en cause l'immobilisme politique dans lequel
s'installe l'île. Le vieux fond de ressentiment contre l'État qui a
marqué les liens entre la colonie et sa métropole subsiste toujours.
Pour avoir instauré l'abolition de l'esclavage, l'État est jugé
responsable de l'appauvrissement des Blancs et, pour leur avoir
accordé le droit de vote, responsable de l'arrogance des Noirs.

---

49. Yvan COMBEAU et Prosper ÈVE, *La Réunion républicaine au XIX⁰ siècle.
L'avènement de la II⁰ et de la III⁰ République à La Réunion, 1848-1870*, Saint-Denis, La
Réunion, Futur Antérieur, 1996.

Qu'importe si les faits démentent ces accusations ! Les élus politiques adoptent le discours de la francité républicaine. François de Mahy déclare en 1885 que l'île doit devenir une « petite France insulaire, image vivante de la grande patrie[50] ».

C'est dans les Vieilles Colonies que se réalise le projet politique d'égalité sous tutelle défendu par Boissy d'Anglas. À La Réunion, la culture politique s'est construite sur une dichotomie de type guerrier, opposant ami et ennemi et ne laissant pas place à la notion d'affrontement entre adversaires. L'ennemi est à abattre. Le recours à l'insulte, aux coups, à la fraude, à la diabolisation de l'adversaire domine la vie politique. Dès les lendemains de l'abolition, l'espace de l'ennemi est occupé par le « communiste », le partageux qui voudrait distribuer les terres aux affranchis. L'abbé Joffard, prêtre à Saint-Leu, veut « introduire cette société des pauvres, des faibles, des opprimés dans le sanctuaire de la vie sociale et de la liberté[51] ». Il veut créer un parti démocratique qui rassemblerait affranchis et pauvres blancs, une alliance redoutée par les grands propriétaires. Traité de communiste, Joffard est expulsé de la colonie en 1849 par Sarda Garriga[52]. Cette peur du communiste organise la vie politique dans l'île. Elle resurgit lors de la création d'un cercle marxiste en 1919, du Front populaire et de la loi de 1946. L'anticommunisme réunionnais s'ancre chez les grands propriétaires dans la peur d'avoir à partager leurs terres, chez les masses, dans la peur de l'autre, de l'étranger et, enfin, chez tous, dans la peur nourrie par une insularité vécue comme une exclusion, une constante marginalisation par rapport à la France, au reste de l'océan Indien, et même au reste du monde.

---

50. Discours à la Chambre des députés, 25 juillet 1885.

51. Rapport fait à M. Libermann, supérieur du séminaire du Saint-Esprit par l'abbé Jouffard, missionnaire apostolique à l'île de La Réunion, Paris, 6 mars 1850, p. 11. Cité dans COMBEAUX et ÈVE, op. cit., p. 73.

52. Après ses années à La Réunion, Sarda Garriga sera nommé à Cayenne afin de réformer le pénitencier. L'élite réunionnaise ne lui pardonnera pas son rôle, pourtant ancré dans un réformisme conservateur. Il n'aura droit ni à une statue ni à une place jusqu'en 1945 où le conseil municipal de Saint-Denis, la capitale de l'île, votera un décret à l'unanimité afin de nommer place Sarda Garriga, la grande place devant la préfecture.

Soldats de l'Empire

La représentation picturale en 1848 de l'abolition de l'esclavage met en scène la fraternité républicaine coloniale. *L'Abolition de l'esclavage* (1848), œuvre du peintre Auguste François Briard, a été abondamment reproduite lors du cent cinquantenaire de l'abolition de l'esclavage. Pourtant ce tableau est loin de donner l'image de l'égalité fraternelle propagée par les abolitionnistes. Un représentant du peuple annonce leur libération à des Noirs agenouillés, qui lui baisent les mains. Une femme noire embrasse l'ourlet de la robe d'une femme blanche. Il s'agit là d'une scène d'actions de grâces exaltant la générosité de la République. Dans la lithographie intitulée *L'Abolition de l'esclavage proclamée à la Convention le 16 pluviôse an II* (4 février 1794), la référence symbolique était la Déclaration des droits de l'homme ; dans la version de 1848, c'est le drapeau français. En 1848, c'est à demi-nu que le Noir, agenouillé devant le Blanc, est représenté comme un enfant qui en attend salut et liberté. La lithographie *Heureux les pauvres, le royaume des cieux leur appartient* (1848) montre un Noir, à moitié nu, pieds entravés et chaînes brisées aux poignets, soutenu par un ange qui le guide vers une cité radieuse. Cette représentation de l'émancipation, lourde de référents religieux, annonce quelle relation paternaliste liera les Blancs aux Noirs.

Cette image du Noir nu et attendant d'être guidé par la main du Blanc présidera à la représentation de la conquête coloniale. Dès les premières heures de l'empire naissant, celui-ci est dépeint comme une famille où le Noir colonisé ne sera jamais qu'enfant immature de la mère patrie. Ainsi, l'huile sur toile *République et Charité* situe la République au centre du tableau, en mère nourricière ; à sa droite, le peuple français : bourgeois, ouvriers, artisans et prêtres, réconciliés et unis ; à sa gauche, l'empire : musulmans enturbannés, Noirs agenouillés avec leurs chaînes brisées. Voilà donc « l'âge de l'amour », décrit ironiquement par Flaubert, où charité et bonté se chargent d'effacer l'opacité et de réduire la complexité des conflits ! Octave Mannoni a dit combien il convient de se défier d'un tel « amour », simple « laïcisation de la charité chrétienne[53] ». En effet, « quelle que soit la valeur des vertus de charité, c'est insulter quelqu'un que de l'aimer par pure charité ». L'universalisme, en ce cas, n'est qu'un « tour de passe-passe destiné à assurer au Blanc bonne conscience[54] ».

---

53. Octave MANNONI, « The Decolonization of Myself », *Race* (1966), repris dans *Prospéro et Caliban. Psychologie de la colonisation*, Paris, Éditions universitaires, 1984, p. 212. Publié aussi dans *Clefs pour l'imaginaire*, Paris, Seuil, 1969.

54. *Ibid.*

5.

Monde créole et République française

« La sène fini kasé, zesclav touzour amaré[1]. »

L'analyse de la catastrophe que constituent la traite et l'esclavage et celle de la doctrine qui les a combattus doivent se faire à plusieurs niveaux. Après avoir brossé un tableau général et comparatif, et envisagé combien ces phénomènes ont pris différentes formes, nous pouvons considérer un cas précis. En effet, la multiplicité de ces situations requiert de l'observateur une attention constante aux circonstances générales et particulières. Dans cet ordre d'idées, il faut prendre en compte un certain nombre de paramètres : la distance géographique avec la métropole, la position réelle ou fantasmatique des colonies dans l'esprit des élites métropolitaines, la composition de la population coloniale, le rôle et la fonction du discours racial, l'accès des affranchis et des esclaves à l'éducation, l'éclairement plus ou moins poussé de l'aristocratie coloniale, l'équilibre ou le déséquilibre des sexes au sein de la population asservie, la temporalité de la créolisation, les influences de l'économie mondiale et des rivalités impériales, la démocratisation de la vie politique dans les métropoles coloniales, l'existence d'une élite urbaine indépendante de la terre, ainsi que celle d'une classe ouvrière, la présence ou l'absence d'une classe de moyens fermiers et la morphologie du vocabulaire politique. J'ai

---

1. Proverbe créole réunionnais : « Les chaînes de l'esclavage sont rompues, mais les esclaves toujours enchaînés. »

choisi ici de considérer l'expérience réunionnaise. Peu ou mal connue, cette expérience est celle d'une société façonnée par la traite, l'esclavage, l'engagisme et les vagues d'immigration.

« Nous sommes tombés sous la mainmise de ceux qui ayant compromis la vérité dans le passé, veulent préserver leur ordre aujourd'hui et diriger la société à l'avenir », déclarait W. E. B. Du Bois en 1935 dans son remarquable ouvrage, *Black Reconstruction*. Cette lecture critique du rôle d'un État qui aurait dû être le garant de la liberté promise suggère une analyse rétrospective des institutions mises en place après l'abolition. C'est ce que j'ai tenté ici. On a vu comment les grands propriétaires terriens ont préservé leur pouvoir économique et politique et comment l'État français a laissé faire. Cependant, les idéaux révolutionnaires pénètrent la société et la démocratisation, si lente soit-elle, permet à de nouveaux groupes d'intervenir dans le débat politique.

À La Réunion, au début du XXe siècle, l'accès d'un plus grand nombre d'individus à l'éducation favorise la naissance d'une élite dont les membres ne sont pas issus des grandes familles. Républicains, progressistes, ils fréquentent les loges franc-maçonnes, rejoignent la Ligue des droits de l'homme, suivent les événements internationaux, aspirent à participer à la vie politique et professent des idées de gauche. Véritable tournant historique, 1936 donne une impulsion à l'action syndicale, jusqu'alors embryonnaire[2]. Ouvriers des usines, du port et du rail s'unissent et créent la Fédération réunionnaise du travail. Le mouvement ouvrier adopte la revendication (remontant à la Révolution) d'accéder au statut de département de La Réunion. L'élite républicaine de gauche soutient le mouvement syndicaliste et ces deux groupes sont les plus fervents partisans de la loi de 1946.

---

2. Voir : Jean-Claude BALDUCCHI, *La Vie politique et sociale à La Réunion, 1932-1939*, 2 vol., doctorat de troisème cycle, université d'Aix-en-Provence, 1984 ; Sonia CHANE-KUNE, *La Réunion n'est plus une île*, Paris, L'Harmattan, 1996 ; Prosper ÈVE, *Tableau du syndicalisme à La Réunion de 1912 à 1968*, Saint-Denis, La Réunion, Éditions CNH, 1991.

Cependant, le discours de la francité continue à peser sur cette société créole. La francité se manifeste de façon différente, épousant de nouveaux besoins, de nouvelles configurations qui recoupent le discours politique. En 1949, elle constitue une réaction à la loi de 1946, où les grands planteurs voient, à juste titre, une remise en cause de leurs privilèges. Elle s'exprime dans le vocabulaire de l'anticommunisme, car les députés de La Réunion qui ont défendu la loi d'assimilation sont affiliés au groupe communiste de l'Assemblée nationale. Cette francité s'appuie sur la condamnation du communisme par le Vatican : on ne peut être chrétien et communiste ; être chrétien, c'est être Français, donc communiste = étranger. L'hypothèse du complot communiste mondial est alors commodément invoquée. Aux yeux de la presse conservatrice de l'île, le soutien local aux Malgaches lors des événements de 1947 constitue une nouvelle preuve de la complicité des communistes avec Moscou. La francité est alors associée au catholicisme et à l'anticommunisme qui devient un principe d'identification. Lors des commémorations en 1965 du tricentenaire de la colonisation de La Réunion par la France, l'accent est mis sur l'origine *française* des premiers colons. En pleine période de décolonisation et de remise en cause de l'«impérialisme culturel» qu'exercerait l'Occident sur les peuples, les autorités de l'île, soutenues par le gouvernement, doivent réprimer toute velléité d'autonomie, d'affirmation de différences. Le comité du tricentenaire choisit 1665 comme date de la première colonisation de l'île : avec ce choix, le comité évacue 1663, date à laquelle les premiers habitants dont la présence est documentée arrivent dans l'île et qui sont des Français *et* des Malgaches. Choisir 1663 serait reconnaître des phénomènes qui ont marqué l'histoire de l'île : la pluralité des origines, l'assujettissement et le marronnage car les Malgaches s'enfuient aussitôt dans les montagnes. Choisir 1665, c'est insister sur la prise de possession par la Compagnie des Indes et donner une origine blanche et aristocratique à l'île. (C'est aussi oublier que les premières femmes étant Malgaches ou Indo-Portugaises, la première génération née dans l'île fut d'emblée métisse.) La dénonciation du choix de 1665 par les communistes et des intellectuels réunionnais oblige les autorités à inclure une représentation des Malgaches dans les célébrations. Les autorités inaugurent cependant une « Grotte des Premiers Français », lieu mythique et mythifié où auraient vécu des Robinsons français. Cette bataille autour de simples dates fait apparaître combien les identités et la mémoire collectives sont sélectives et combien elles répondent à des enjeux idéologiques[3]. Durant la période de la guerre froide et de la décolonisation, la francité s'élabore comme un rempart contre les aspirations nationales des peuples voisins. La musique des descendants d'esclaves, le *maloya*, est interdite à la radio ; l'usage de la langue créole est sévèrement puni dans les écoles ; les élections de « Miss », qui se développent, sont l'occasion de couronner des jeunes filles claires de peau ; le contraste avec Madagascar et Maurice, qui sont indépendantes, est fortement souligné. L'identité culturelle de La Réunion est une « identité française ». L'Église catholique participe à cette francisation. L'île vit dans une fiction. Elle devient un lieu abstrait, coupée de son environnement régional, l'océan Indien, cet espace de rencontre entre les mondes africain, asiatique et arabo-islamique dont elle est aussi issue. Certes, le *maloya* continue à être chanté, les rites afro-malgaches à être pratiqués, la langue créole est toujours parlée. Mais si possible dans l'ombre, dans le *fénoir*. Deux mondes cohabitent, mais celui de la francité détient le pouvoir politique, culturel et économique. Le monde de la francité domine et masque une réalité complexe de métissage et de tensions raciales. Ses avocats accusent d'être étrangers tous ceux qui voudraient remettre en question cette fiction. Pour l'observateur extérieur qu'est Roger Vailland, l'île est loin d'être un paradis. « Au bar à matelots : *Réunionnais*, employé par tout le monde comme adjectif péjoratif. Conversations aussi des officiers du bord. Je commence à avoir l'impression de m'en aller, étape par étape, vers le comble de l'abjection », écrit-il en 1964[4]. L'île lui semble une « prison peuplée d'affamés qui n'ont pour perspective

---

3. Voir David LOWENTHAL, « Identity, Heritage, and History », dans John R. GILLIS (éd.), *Commemorations. The Politics of National Identity*, Princeton, New Jersey, Princeton University Press, 1994, pp. 41-60.

4. Roger VAILLAND, *La Réunion*, Paris, Éditions Rencontre, 1964, p. 23.

que d'être chaque année un peu plus nombreux à se partager un peu moins de ressources[5] ». Île édénique ou île abjecte, ces deux images expriment toutes deux le besoin de s'éloigner de la réalité. Chacune repose sur la déception ; l'île n'est ni un paradis, ni une prison mais un territoire sur lequel ont été jetés des groupes de culture, de langue, de religion, de traditions et de coutumes différentes, un territoire dont l'histoire a fait une colonie française.

L'île est profondément marquée par son histoire, et donc par son lien avec la France. Et cette histoire et ce lien déterminent le débat politique. Ainsi, dans la grande vague de décolonisation qui suit la Seconde Guerre mondiale, le mouvement anti-colonialiste réunionnais (comme ceux des Antilles) s'inscrit dans la tradition révolutionnaire française lorsqu'il demande en 1946 la fin de la tutelle et l'assimilation politique dans la République. La loi d'assimilation met fin au statut colonial mais elle ne peut transformer une culture politique vieille de plusieurs siècles, qui s'appuie sur la fraude, la violence, et le refus du débat démocratique. La décolonisation, la guerre froide et la naissance en 1959 du Parti communiste réunionnais donne à l'anticommunisme réunionnais un nouveau terrain, plus fertile, plus argumenté. Les « années Debré » ne font rien pour améliorer ces aspects. Michel Debré, qui sera député de La Réunion pendant vingt-cinq ans, est un avocat acharné de cette francité. Il déclare en 1965 : « La Réunion est, et doit demeurer un fidèle reflet de la métropole dans une partie du monde où notre culture peut être un modèle. » « "France de l'océan Indien", la Réunion a mérité ce titre, parcelle la plus française dans une partie du monde où ont flotté tour à tour le drapeau blanc à fleur de lys et le drapeau tricolore[6]. » Debré revient au rêve des Leblond : faire de La Réunion un avant-poste de la France dans l'océan Indien et donner au peuple réunionnais une identité exclusivement française. En faisant de ce petit territoire un avant-poste du monde libre, le dernier rempart contre le communisme, Debré donne une légitimité nationale à une arrié-

---

5. *Ibid.* p. 123.
6. Michel Debré, *Une Politique pour La Réunion*, Paris, Plon, 1974, p. 197.

ration locale. Certes, il a pour adversaire un parti communiste puissant dont la rhétorique se fait l'écho du discours tiers-mondiste et de la révolution communiste. Cependant, chez Debré, l'enjeu va être surestimé, grossi, gonflé afin de justifier la nécessité et l'importance de sa présence et de son action. La chronique de ces années qui mettent en scène un espace où se jouerait la bataille entre monde libre et communisme montre une hystérisation de l'hyperbole. Le peuple est mobilisé car l'ennemi est partout. Il est dénoncé comme étranger : « Mr. Debré n'a pas vu le jour à La Réunion, mais en métropole. Mr. Vergès n'a pas vu le jour ni à La Réunion, ni en métropole. Mais au Vietnam[7] ! » « Pendant que nous dormons », l'ennemi s'infiltre, « en mal de domination, soudoyé par l'étranger[8] ». Les journaux publient des confessions de repentis :« Pendant quinze ans, j'ai été un rouge [...] Quand on est chez les communistes, on est comme hypnotisé, comme téléguidé[9]. » L'un se remémore qu'il a dû apprendre le russe, puis le chinois, au gré du changement de loyauté des communistes. La Réunion n'est rien sans la France qui est « notre soleil » et qui paye « nos allocations familiales. » La Réunion ne peut « trouver qu'auprès de la Mère Patrie, et avec son aide, une solution aux graves problèmes qui lui reste encore à résoudre[10] ». La déresponsabilité est érigée en principe politique. L'île est un satellite de la France : « Petite île Bourbon, sans cesse tendue vers la Mère Patrie et si éprise de l'amour d'elle qu'elle enivre les enfants de cet amour[11]. » La peur du communisme, de l'indépendance, de la décolonisation, de l'autonomie (rappelons que le terme même d'autonomie était proscrit dans les médias, sous peine de poursuites pénales) trouve un écho auprès d'une population encore fortement rurale, analphabète et pauvre, soumise au pouvoir des prêtres et des grands propriétaires. L'historien

---

7. *Liberté*, 11 avril 1963, p. 1. Paul Vergès était alors secrétaire du Parti communiste réunionnais.

8. *Liberté*, 4 février 1964, p. 1.

9. *Journal de l'île de La Réunion*, 10 mars 1964, p. 1.

10. *Ibid.*, 24 octobre 1966.

11. *Ibid.*, 4 octobre 1965, p. 1.

réunionnais, Prosper Ève, qui parle de « l'île à peur », cite un responsable politique qui déclare en 1991 : « Combien de fois avons-nous tremblé de peur et craint pour notre avenir malgré les assurances que nous donnait Michel Debré[12] ? » La crainte d'un « abandon » par la France réveille le sentiment ancré de ne pas pouvoir s'en sortir tout seul, d'être trop loin, trop éloigné de tout, trop excentré par rapport à la France. Autour, l'étranger, le Mauricien, le Malgache sont ressentis non comme des alliés, ou d'éventuels partenaires historiques mais comme une menace. Si la France abandonne La Réunion, qui la protégera ? Moscou, Pékin renvoient à des mondes barbares, trop étrangers à l'île. Seul un homme providentiel pourrait la protéger de ses ennemis.

Le lien politique avec la France est placé sous le signe de la dépendance. La sortie du statut colonial amène, durant les vingt-cinq ans du pouvoir exercé par Debré et ses alliés sur l'île, une nouvelle forme de colonisation. La Réunion retrouve une place fantasmatique, celle d'être une place forte de la France, illusion qui lui redonne de l'importance au moment où de nouvelles puissances, telle l'Inde, émergent dans la région et accèdent à l'indépendance. La dépendance est justifiée sur le mode du surplus : être associée à une des grandes puissances comme sa lointaine sentinelle. La nouvelle colonisation s'exprime dans le renforcement de la dépendance à la France et de l'imitation de modèles de consommation et de conduite perçus comme « français. » Les Réunionnais sont appelés à s'enivrer de cette dépendance.

Cette dépendance modèle aussi les liens sociaux, au moment précis où la population accède enfin aux lois sociales en vigueur en France. Allocations familiales, aide médicale gratuite, et autres aides sociales sont distribuées en fonction de la bonne conduite des récipiendaires. Le discours exaltant la bonne conduite assigne à chaque membre de la famille une position et un rôle défini par les instances administratives en s'appuyant sur le discours psychiatrique. Ainsi s'élabore une pathologie créole caractérisée par l'ab-

---

12. Prosper Ève, *Île à Peur. La peur redoutée ou récupérée à La Réunion des origines à nos jours*, Saint-Denis, La Réunion, Océan Éditions, 1992, p. 400.

sence du père, une présence envahissante de la mère, une impossible autonomie du Moi, une dépendance structurelle, un défaut d'accès au symbolique. La langue créole est accusée de faire obstacle à la symbolisation. Les catégories de la psychiatrie coloniale sont réadaptées à ces fins. Le nouveau discours psychiatrique fait une utilisation stratégique de termes lacaniens, ethnopsychiatriques, ou empruntés à la psychologie fanonienne. Selon Octave Mannoni, la psychiatrie « collabore à l'entreprise d'isoler et d'exclure de la société ceux qui ne veulent pas obéir aux normes sociales définies historiquement[13] ». Elle vise ainsi à définir une « politique utilitarianiste, dont le but est de protéger la tranquillité de la majorité, mais aussi d'apprendre à cette majorité une façon d'être raisonnable[14] ». À La Réunion, la psychiatrie participe à l'élaboration du code de bonne conduite qui expliquerait la dépendance des Réunionnais (à l'aide sociale, au chef, à la France) en termes psychologiques. Les effets pervers de la dépendance sont attribués au psychisme proprement réunionnais.

La dépendance structure l'île depuis les premières années de la colonisation. Tout d'abord vécue par les maîtres comme un obstacle à leur pouvoir, elle devient à travers l'abolitionnisme d'un Sarda Garriga le principe politique qui commande le lien existant entre la France et cette île. C'est grâce à cette dépendance, affirme alors le commissaire de la République, que les affranchis pourront affaiblir le pouvoir des tyrans locaux. Depuis lors, elle n'a cessé de modeler les conduites, de façonner les manières de faire et de vivre. Elle touche aujourd'hui la majorité de la population, les fonctionnaires comme les érémistes. Elle affecte toute perspective et elle s'est aggravée ces dernières années.

La politique de départementalisation, telle qu'elle est menée par Debré et ses alliés locaux, change profondément la vie économique et sociale. Les grands planteurs vendent leurs terres à des multinationales ; les petits planteurs sont, dans leur grande majo-

---

13. Octave MANNONI, « Administration de la folie, folie de l'administration », in *Un commencement qui n'en finit pas. Transfert, interprétation, théorie*, Paris, Seuil, « Champ freudien », 1980, pp. 137-157, ici p. 137.

14. *Ibid.*, p. 137.

rité, ruinés ; l'industrie emploie de moins en moins d'ouvriers ; les lois relatives à la famille comme l'accroissement des services transforment les conditions de vie et de travail des femmes. En quarante ans, le taux de natalité augmente considérablement tandis que le taux de mortalité infantile est divisé par vingt (164,4 pour mille en 1951 soit celui de la France en 1900, 7 pour mille en 1998). L'éducation fait des progrès considérables[15]. Parallèlement, le nombre d'individus subsistant grâce aux allocations publiques augmente. La société de plantation ne structure plus l'île qui connaît maintenant une économie de transferts, constituant une source importante de revenus. Les femmes réunionnaises bénéficient de l'extension des lois sociales et des réformes : réforme de la législation sur la contraception et l'avortement, lois de la législation sur le divorce, lois sur la protection de la mère célibataire, et accroissement des services et de l'activité commerciale. L'image de la « beauté métisse » a permis à certaines d'entre elles d'occuper une des nouvelles figures de l'exotisme. La population a accès à tous les objets de consommation dans le même temps qu'en Europe. Désormais bétonnée, couverte d'immenses supermarchés et dotée d'infrastructures extrêmement modernes, l'île alternativement vue jusqu'alors comme sauvage ou paradisiaque prend des allures de banlieue sous les tropiques.

La fin de la guerre froide, les changements d'alliance dans la région, les luttes locales contre les inégalités et les violences politiques, les changements politiques en France et dans l'île, et, finalement, la montée des « identités » comme espace de définition du Moi concourent à une nouvelle reconfiguration des identités à La Réunion. L'ouverture au tourisme contribue aussi à une réaffirmation des différences locales et par conséquent à une mise en scène de ces différences. L'émergence de « nouvelles ethnicités » s'explique comme une interprétation locale du discours sur les identités culturelles qui a pris forme dans le monde ces dernières années, comme un héritage de la différenciation coloniale faite entre les ethnies après 1848, et comme une réaction à l'hystérie de

---

15. Le taux d'analphabétisation est supérieur à 65 % en 1960.

la francité. Les identités se reformulent selon des démarquages qui ont cependant tous comme référent commun l'esclavage. On est « descendant » ou « pas descendant » d'esclave et c'est autour de cet axe que s'organisent ces nouvelles ethnicités. Car c'est bien cet axe qui sous-tend l'organisation des identités ethniques. L'esclavage reste le point nodal de référence et le point aveugle.

Des glissements sémantiques s'opèrent. Ainsi, dans le groupe *Malbar,* certains se ré-imaginent Tamouls. Comme l'a bien montré Christian Ghasarian, il s'agit pour ces « Tamouls » de se situer « hors du cadre de référence locale et de rejeter le passé *malbar* (marqué par l'engagement et l'hindouisme populaire)[16] ». L'identité tamoule se décline donc sur un mode qui la distingue de l'identité *malbar* : pratiques religieuses se rapprochant des rites brahmaniques (offrandes végétariennes) opposés aux traditions d'origine dravidienne ancestrales considérées comme sanguinaires et inférieures (sacrifice d'animaux, marche dans le feu), construction de temples dont l'architecture cherche à imiter celle des temples de l'Inde, loin des « chapelles malbars » du passé. Ces réinventions, ces résurgences de l'identité s'appuient sur les travaux de chercheurs venus de France, chercheurs pour qui la société réunionnaise offre un terrain de recherches fertile et peu contesté. Leurs travaux reprennent, souvent sans la remettre en question, la typologie coloniale. L'ethnicisation est aussi l'objet d'enjeux politiques locaux et régionaux (l'Inde a récemment annoncé que sa « diaspora » dans l'océan Indien bénéficiait d'un « droit au retour » dans le pays des ancêtres. Tout individu qui peut prouver que son grand-père est venu de l'Inde pourra désormais y entrer sans visa[17]). Cette résurgence des identités culturelles, si elle traduit en partie une réaction à la campagne violente de francité des années précédentes, répond aussi à des demandes légitimes. Elle ébranle l'image lénifiante de « paradis racial » qui occulte les tensions opposant les groupes ethniques et les hiérarchies les divisant.

---

16. Christian GHASARIAN, « Patrimoine culturel et ethnicité à La Réunion : Dynamiques et dialogismes », *Ethnologie française,* n° 3, juillet-septembre 1999, pp. 365.

17. Voir les documents du consulat de l'Inde, La Réunion, 1998.

Ainsi, les *Kaf*, qui sont toujours en bas de l'échelle sociale, font de plus en plus entendre leurs voix. La célébration du 20 décembre *(Fet Kaf)* officialisée depuis 1981 est l'occasion d'affirmer une identité trop longtemps méprisée. Mais c'est aussi l'occasion d'exprimer un ressentiment par un populisme démagogique. On hait tout ce qui fait « intello », « métro », on revendique sa xénophobie, sa position exceptionnelle dans l'océan Indien. Ce n'est même plus l'île qui représente l'espace social, mais le village, le quartier, la rue. L'horizon se rétrécit pendant que les avions se succèdent et que les biens de consommation s'accumulent. Les vagues d'immigration constantes dans cette île donnent à la question des ethnicités une dimension qui ne saurait être évacuée. L'arrivée ces dernières années de Comoriens a revivifié l'islam local, mais cette revivification donne aussi lieu à de nouvelles frontières entre les religions. Le groupe des *zoreys*[18], qui constitue presque 10 % de la population, contribue à la complexité de la fabrication du monde créole par leurs rituels (plage, bronzage, nudité) et leurs façons de faire et de vivre (nouvelles mœurs alimentaires où, autour du barbecue, le whisky et le vin supplantent le rhum, nouveaux style vestimentaires, littérature de gare, fantasmes de la sexualité torride aux colonies, importation d'idéaux…). Il va de soi que ces mœurs ne sont pas tant critiquables parce qu'importées de la métropole, mais parce que puisées soit dans un modèle de vie globalisé et nivelant, soit dans les poncifs d'une vie coloniale ; malheureusement, elles rejouent moins les rêves baudelairiens de luxe et volupté que « Médiocrité et vulgarité aux colonies ». Cette fascination pour l'exotisme va de pair avec le rejet d'une réunionnité dont ils se sentent exclus[19]. Parallèlement, ils suscitent un extraordinaire mimétisme dans une population qui ne peut voir en eux que le miroir de la lointaine métropole. D'un côté, envie et ressen-

---

18. Nom donné aux Français fonctionnaires qui viennent de la métropole. Bien sûr, de nombreux *zoreys* ont apporté compétence et talents dans leur travail. Je parle ici d'une identité collective, d'une représentation mentale à laquelle nombre de *zoreys* participent.

19. Toute demande de « créolisation » des cadres est souvent traduite par les *zoreys* comme une demande « lepéniste ».

timent envers le « métro », de l'autre peur et mépris envers le Créole. Celles et ceux (métropolitains ou Créoles) qui veulent échapper à cette logique de la servitude coloniale se trouvent confrontés à une étrange alliance entre *zoreys* et natives. On sait combien accepter volontairement la servitude est délétère, mais on sait aussi quels sont les bénéfices secondaires de la servitude. Je mors la main qui me donne au nom de mon ressentiment. Autant de traits qui affectent la recomposition des identités. La généalogie de ces identités, l'histoire de leur construction, de leur émergence, de leurs reconfigurations et de leur discours montrent bien comment les groupes s'entrecroisent, se mêlent, cherchent à se distinguer, et dialoguent.

L'universalisme républicain assure l'égalité de tous les citoyens. L'esclavage et le colonialisme les marquent de sceaux différents. La difficulté se situe dans cet espace. Aucun groupe n'a échappé au métissage. La langue créole constitue un bien commun. L'histoire de l'esclavagisme, de l'abolitionnisme, du colonialisme et du post-colonialisme a marqué tous les individus, qu'ils soient ou non descendants d'esclaves, de planteurs, d'engagés ou de petits commerçants. D'une part donc, un héritage commun. D'autre part, une hétérogénéité de la société difficile à penser. Elle est ainsi devenue l'objet d'une célébration trop souvent lénifiante. La Réunion est désormais vantée et vendue aux touristes comme « l'île de tous les métissages ». Or, le type physique et les caractères censés s'y rattacher font toujours l'objet de remarques discriminatoires dans la société réunionnaise[20]. L'égalitarisme républicain a paradoxalement exacerbé le besoin de se différencier. Une étude des flux et des reflux des perceptions identificatrices permettrait de relativiser toute tentative de fixer, de réifier l'identité d'un groupe et surtout de déconstruire une typologie qui, en dépit de tous les discours, toutes les déclarations bien intentionnées, maintient les *Kaf,* les descendants d'esclaves, dans une situation discriminatoire. Le monde créole est donc constitué de toutes ces ethnicités en

---

20. Sur les Antilles, voir Jean-Luc BONNIOL, *La Couleur comme maléfice. Une illustration créole de la généalogie des Blancs et des Noirs*, Paris, Albin Michel, 1992.

mouvement. La langue créole crée un lien, comme le fait toute une série de référents culturels et historiques.

C'est dans les archives de police, dans les actes notariés, dans les registres des plantations qu'il faut aller fouiller pour entendre ici et là la voix des esclaves. Il existe cependant des formes d'expression populaire, une littérature orale qui témoignent de l'histoire de l'esclavage. À La Réunion, proverbes, chants, croyances, contes et traditions ont survécu au pilonnage de la société coloniale, à l'hégémonie opprimante de la langue et de la culture françaises. Ces formes d'expression et ces pratiques culturelles sont le résultat d'interactions entre les différentes civilisations apportées dans l'île par les vagues successives d'esclaves et de travailleurs. Elles ont contribué à l'émergence d'une culture et d'une identité réunionnaise. Elles constituent le récit de la résistance du peuple réunionnais et témoignent de sa créativité et de ses capacités à imaginer le monde et à comprendre ce qui l'entoure. Cette *littérature vernaculaire* n'appartient pas au domaine du folklore, du désuet[21]. Au contraire, le fait qu'elle ait survécu au laminage de la francité, qu'elle reste une source d'inspiration pour des auteurs, des musiciens, des artistes et pour tout un chacun, montre qu'elle a su garder énergie et éloquence. Le caractère « marginal » (non à cause de sa « marginalité » mais parce qu'ignorée, rejetée) de cette littérature dans la société l'a protégée des règles formelles de l'académisme. Les « muselés[22] » ont donc préservé, à travers les siècles, un corpus de connaissances et de savoirs. La littérature vernaculaire réunionnaise met en scène des événements politiques, des chagrins d'amour, des situations où le faible, l'opprimé s'en sort grâce à la ruse. Le proverbe *La sène fini kasé, zesclav touzour amaré* (« Les chaînes de l'esclavage sont rompues, mais les esclaves toujours enchaînés ») renvoie à une analyse critique de 1848. Certes, l'esclavage est aboli, mais les maîtres ne sont-ils pas toujours maîtres de l'île ? *Kaf nana 7 po* (« Le Kaf a sept peaux »)

---

21. Henry Louis GATES JR., « The Vernacular Tradition », dans Henry Louis GATES Jr. et Nellie Y. MCKAY (éd.) *The Norton Anthology. African-American Literature*, New York, Norton, 1997, pp. 1-5.

22. Titre du roman d'Anne CHEYNET, *Les Muselés*, Paris, L'Harmattan, 1977.

renvoie à l'endurance des esclaves. Le *maloya*, ce chant d'esclaves qui naît dans les plantations, a connu ces dernières années une nouvelle naissance. Méconnu et méprisé par la société bien-pensante, interdit à la radio jusqu'en 1980, le *maloya* est aujour-d'hui la musique la plus populaire de l'île. Au cours des siècles, le peuple réunionnais résiste aux entreprises d'assimilation et d'effa-cement. S'il prie le Dieu des prêtres chrétiens, il fait des offrandes à Saint-Expédit comme aux déités hindoues et aux ancêtres malgaches. Il craint et révère Sitarane, grand bandit qui fut exécuté publiquement en 1911 ; il voit en lui un *primitive rebel*, un bandit transgressant l'ordre établi et incarnant des aspirations à la rébellion aux autorités coloniales[23]. Ainsi, les descendants d'es-claves, avec les descendants d'engagés et de Petits Blancs, ont élaboré et maintenu une culture originale. Elle n'est certes pas à l'abri d'une folklorisation, mais le renouvellement de ses formes d'expression, sa capacité à intégrer de nouveaux apports lui permettent encore de constituer au côté de la culture française une culture aux caractères spécifiques. Pour sa part, la littérature post-coloniale réunionnaise, qui émerge à la fin des années 1970, met en scène et produit la « dynamique de créolisation » à l'œuvre dans l'île. Le sujet de cette littérature est le « sujet d'une conscience de la diglossie, d'une représentation du conflit[24] ».

Espace en mutation, espace ultramarin[25], la société réunion-naise cherche à concilier une histoire et des cultures qui produi-sent unité et tensions. Unité d'un peuple, tensions fertiles ou négatives entre les groupes qui le composent. Sur cette île, escla-vagisme et engagisme ont constitué des systèmes d'exploitation sur de longues durées. Aujourd'hui, des voix s'élèvent afin que l'on oublie le passé. Elles s'opposent aux voix qui réclament répa-

---

23. Selon l'analyse d'Eric HOSBAWN, *Primitive Rebels.*

24. Jean-Claude Carpanin MARIMOUTOU, « Créolisation, créolité, littérature », dans Daniel BAGGIONI et Jean-Claude Carpanin MARIMOUTOU, *Cuisines/Identités*, université de La Réunion, Saint-Denis, 1988, pp. 99-101.

25. Terme accordé aux espaces lointains et dépendants des pays membres de la Communauté européenne. Voir : Didier BENJAMIN et Henry GODARD, *Les Outre-mers français : des espaces en mutation*, Paris, GéOphrys, 1999.

ration, question qui a resurgi lors de la commémoration de 1998. Un projet de loi a été déposé, demandant « la reconnaissance de la traite et de l'esclavage en tant que crimes contre l'humanité[26] ». Le rapporteur, le député Christiane Taubira-Delannon, a affirmé que cette demande ne constitue ni un « acte d'accusation », ni une « requête en repentance ». Selon Taubira-Delannon, la « loi seule dira la parole solennelle au sein du peuple français » ; elle constituerait une réparation symbolique qui induirait une réparation politique, puis une réparation morale qui contribuerait à extirper le racisme, et enfin une réparation culturelle. Cette initiative, certes importante, oblige à repenser la traite et l'esclavage. Cependant, la logique d'une telle demande impose d'adopter un vocabulaire et de recourir à un récit dont la trame est tissée de souffrance et de résistance. L'invocation des idéaux des Lumières ne saurait cacher combien ces idéaux ont été aseptisés, adoucis. Paradoxalement, la reconnaissance de la traite et de l'esclavage en tant que crimes contre l'humanité pourrait contribuer à évacuer une réflexion sur l'asservissement comme forme inhérente aux rapports humains. Aussi doit-elle être accompagnée d'une loi qui impose l'inclusion des questions de la traite et de l'esclavage dans l'enseignement de l'histoire. La réparation doit être pensée en termes politiques, et non en termes exclusivement moraux ou symboliques ; elle doit induire une réflexion sur la généalogie et la nature des liens qui ont déterminé les relations politiques entre la France et les territoires qui ont été soumis à l'esclavage. L'héritage de l'esclavage continue à hanter la société réunionnaise. Mais cet héritage est-il le même pour tous ? C'est ce que contestent certains groupes. Selon d'autres, il faut en finir avec ce passé, éviter de ressasser une histoire qui ne peut être qu'un fardeau et entretenir une culpabilité collective. Il faut se tourner vers l'avenir. Même parmi les descendants d'esclaves, les avis sont partagés quant à la gestion de ce douloureux héritage. Le stigmate attaché à ce passé n'a pas disparu. En 1998, un monument érigé à Saint-Denis de La Réunion et portant le nom de centaines d'esclaves affranchis fut délibérément profané.

---

26. Assemblée nationale, document n° 1378.

La mémoire vivante de la forme d'esclavage aboli au XIXe siècle s'efface, mais ses traces métaphoriques demeurent. Son vocabulaire, ses représentations continuent à modeler les rapports commerciaux, économiques et culturels. Il semble donc important de revenir sur l'organisation symbolique du système esclavagiste et sur ce qu'il peut nous apprendre des relations entre êtres humains. De plus, ce retour peut permettre d'analyser les nouvelles formes de relation prédatrice avec ce qu'elles ont de novateur et ce qu'elles empruntent aux systèmes esclavagistes antérieurs. Ces systèmes introduisirent une globalisation du monde, des formes d'économie transnationales, de nouveaux taux d'échanges financiers, de nouvelles formes de comptabilité, et facilitèrent l'émergence de villes portuaires où dominaient les phénomènes de métissage et de créolisation. Le système esclavagiste se constitua et constitua un vaste réseau d'échanges avec interaction entre les économies globales, régionales et locales. Ainsi émergea une géographie des échanges d'êtres humains et de richesses matérielles qui, dans de nombreuses régions du monde, peut se lire comme un palimpseste des échanges du XXIe siècle. Certes, il faut replacer l'esclavagisme colonial dans son temps et dans la vision du monde eurocentrique et raciste qui le soutenait. Autant de données qui ont été contestées, remises en question, et condamnées. Cependant, a-t-on vraiment épuisé la réflexion sur la relation entre le rêve d'empire et l'humanisme dont se réclamaient les abolitionnistes républicains ? En aspirant à instaurer un univers délivré de tout antagonisme, les abolitionnistes n'ont pas perçu la force des rapports d'exclusion et, de ce fait, n'ont pu contribuer pleinement à l'élaboration d'une démocratie où les conflits se résolvent dans la négociation et pas seulement au nom de critères moraux.

Épilogue

L'abolitionnisme fut certes un mouvement de progrès. Et pourtant il amorçait un colonialisme républicain dont les ambiguïtés ont été bien analysées par l'historienne américaine Alice Conklin. Réglementer, codifier, redéfinir, changer, moderniser, tel est le programme abolitionniste qui se fait complice de l'empire colonial tout en critiquant ses excès. Tous deux partagent le projet d'arracher la colonie à son archaïsme et de l'intégrer à la république. Les abolitionnistes exhortent les affranchis à participer volontairement à ce projet. Ils voient dans le repli des affranchis sur une économie de survie, dans leur manque d'enthousiasme, dans leur refus d'une vie basée sur l'épargne et la morale, la survivance d'archaïsmes qu'il faut éradiquer. Ils posent ainsi les fondations d'une société coloniale post-esclavagiste où la liberté des affranchis reste une liberté formelle, où l'abolition des relations maître-esclave laisse la place aux relations entre État métropolitain et colonisés. Le pouvoir colonial a recours à des lois discriminatoires, à tout un arsenal de mesures répressives, pour instaurer de nouvelles formes de servitude. On assiste à l'avènement du colonat partiaire, un nouveau système d'exploitation où le petit exploitant travaille pour le grand propriétaire et qui instaure un lourd héritage de dettes se transmettant de père en fils. Les discriminations raciales se maintiennent. L'esclavage reste un non-dit. En 1946, quand les députés communistes demandent la fin du statut colonial devant l'Assemblée nationale, aucune référence à l'esclavage n'est faite. Aimé Césaire n'évoque pas les esclaves dans sa présentation du projet de loi de 1946. Ils existent dans ses poèmes mais pas dans ses discours politiques. Les esclaves sont toujours les fantômes qui hantent la société créole. Dans les années 1970, ils réapparaissent. Leurs noms et leurs combats sont de nouveau évoqués pour tracer une filiation entre hier et aujourd'hui, mais l'esclavage demeure une contrée mythique, la plantation une métaphore du mal, et l'esclave une figure héroïque ou victimisée. En 1998, les notions de réparation et de crime contre l'humanité dominent le champ des débats. La loi du 10 avril 2001 inscrit la traite et l'esclavage comme crimes contre l'humanité et en réaffirme la condamnation *morale*. Si nous souhaitons élaborer une politique de réparation qui, je le répète, redéfinit le statut de la victime, fuir le sentimentalisme et interroger les fondements d'une politique qui s'appuie sur la pitié, alors il nous faut parler de l'esclavage et de l'abolitionnisme non seulement en ce qu'ils constituent des documents du passé, mais en ce qu'ils restituent de notre présent.

Dans ce livre je me suis efforcée de présenter les ambiguïtés d'une politique qui cherche avant tout à faire le bien, sans prendre le temps nécessaire d'étudier les complexités d'une situation. Ce qui frappe quand on étudie l'abolitionnisme du XIXᵉ siècle, c'est qu'on y retrouve l'écho de bien des figures actuelles : l'Européen sauveur, l'Africain victime, le Mal et le Bien, le devoir d'intervention, le rôle de l'éducation dans la disparition des idées mauvaises. Cette permanence d'une conception de l'Europe éclairant le monde, dans le rôle du sauveur, fait question. Elle nous encourage à repenser l'esclavage, l'abolitionnisme et le colonialisme sous des angles nouveaux, au-delà de la condamnation morale et vertueuse. Soldats d'un idéal d'amour et de tolérance, les abolitionnistes ont accompagné la fin de l'empire colonial prémoderne et la construction de l'empire colonial républicain. Ils étaient partisans d'une industrialisation à l'échelle humaine. Ils concevaient la colonisation comme une tutelle légitime exercée sur les peuples non européens. Ils voulaient faire le bien, éradiquer le mal, apporter à ceux qui en sont démunis les bienfaits du progrès et de la science. La colonie représentait le laboratoire de leur utopie. Mais ce désir du bien les portait à ne pas regarder les choses de trop près, à les voir d'assez loin pour que la réalité paraisse correspondre à leurs discours. C'est ainsi qu'ils trahirent les valeurs qu'ils défendaient et justifièrent *a posteriori* leurs compromissions. Nous sont-ils si étrangers ?

Bibliographie

ADERIBIGBE, A. B., « Slavery in South-West of Indian Ocean », dans U. Bissoondoyal et S. B. C. Servansing (éd.), *Slavery in South West Indian Ocean*, Moka, Maurice, Mahatma Gandhi Institute, 1989.

AGULHON, Maurice, *Les Quarante-huitards*, Paris, Archives / Julliard, 1975.

ALARCON, Norma (éd.), *Chicana Critical Issues*, Berkeley, Third Woman Press, 1993.

–, Caren KAPLAN et Minoo MOALLEN, *Between Woman and Nation. Nationalisms, Transnational Feminisms and the State*, Durham, Duke University Press, 1999.

– « L'esclavage aboli ? », *Africultures*, mars 1998.

ALEXANDRE-DEBRAY, Jeanine, *Victor Schœlcher ou la mystique d'un athée*, Paris, Perrin, 1983.

AMSELLE, Jean-Loup, *Vers un multiculturalisme français. L'empire de la coutume*, Paris, Aubier, 1996.

An Abstract of the Evidence delivered before a Select Committee of the House of Commons in the years 1790, and 1791 ; on the part of the Petitioners for the Abolition of the Slave-Trade, James Phillips, 1791.

ANDREWS, William L. et MCFEELY, William S. (éd.), *Narrative of the Life of Frederick Douglass, An American Slave, Written by Himself*, New York, W.W. Norton & Company, 1997.

APPIAH, Kwame Anthony, *In My Father's House. Africa in the Philosophy of Culture*, Oxford, Oxford University Press, 1992.

APTHEKER, Herbert, *Abolitionism. A Revolutionary Movement*, Londres, Twayne Pub., 1989.

ARZALIER, Francis, « Les mutations de l'idéologie coloniale en France avant 1848 : de l'esclavagisme à l'abolitionnisme », dans *Les Abolitions de l'esclavage de L. F. Sonthonoax à V. Schœlcher*, Paris, Presses Universitaires de Vincennes / Éditions Unesco, 1995, pp. 301-308.

BALDUCCHI, Jean-Claude, « La vie politique et sociale à La Réunion, 1932-1939 », 2 vol., doctorat de troisième cycle, Université d'Aix-en-Provence, 1984.

BALDWIN, James, « Everybody's Protest Novel », *Partisan Review*, juin 1949, pp. 578-585.

–, *Notes of a Native Son*, Boston, Beacon Press, 1955.

BALES, Kevin, *Disposable People. New Slavery in the Global Economy*, Berkeley, University of California Press, 1999.

BALIBAR, Étienne, *Droit de cité. Culture et politique en démocratie*, Paris, Éditions de l'aube, 1998.

BANCEL, Nicolas, BLANCHARD Pascal, et DELABARRE Francis, *Images d'empire. 1930-1960*, Paris, Éditions de la Martinière/La Documentation française, 1997.

BANGOU, Henri, *À propos du cent cinquantenaire de l'abolition de l'esclavage*, Cayenne, Ibis Rouge Éditions, 1998.

BARNES, Gilbert Hobbs, *The Anti-Slavery Impulse*, New York, Londres, Appleton Century, 1933.

BENJAMIN, Didier et GODARD Henry, *Les Outre-mers français : des espaces en mutation*, Paris, Géophrys, 1999.

BENOT, Yves, *La Révolution française et la fin des colonies*, Paris, La Découverte, 1987.

–, et DORIGNY, Marcel, *Grégoire et la cause des Noirs (1789-1831)*, Paris, Association pour l'étude de la colonisation européenne, 2000.

BERLIN, Ira, *Many Thousands Gone. The First Two Centuries of Slavery in North America*, Harvard, Harvard University Press, 1998.

BERNARDIN DE SAINT-PIERRE, *Études de la Nature*, Paris, Didot, 1784.

BHABHA, Homi, *The Location of Culture*, New York, Routledge, 1994.

BISSOONDOYAL, U. et SERVANSING, S. B. C. (éd.), *Slavery in South West Indian Ocean*. Moka, Maurice, Mahatma Gandhi Institute, 1989.

BLACKBURN, Robin, *The Making of New World Slavery. From the Baroque to the Modern, 1492-1800*, Londres, Verso, 1997.

–, *The Overthrow of Colonial Slavery, 1776-1848*, Londres, Verso, 1997.

BLANCHARD, Pascal *et al.*, *L'Autre et Nous. Scènes et Types*, Paris, Syros/ACHAC, 1995.

BLÉRALD, Alain Philippe, « La citoyenneté française aux Antilles et ses paradoxes », dans Fred Constant et Justin Daniel, *1946-1996. Cinquante ans de départementalisation outre-mer*, Paris, L'Harmattan, 1997, pp. 193-204.

BLOCH, Maurice, « Modes of Production and Slavery in Madagascar : Two Case Studies », dans U. Bissoondoyal et S. B. C. Servansing (éd.), *Slavery in South West Indian Ocean*, Moka, Maurice, Mahatma Gandhi Institute, 1989, pp. 100-134.

BOITEAU, Pierre, *Contribution à l'histoire de la nation malgache*, Paris, Éditions Sociales, 1982.

BOLT Chrisrine et DRESCHER Seymour (éd.), *Anti-Slavery, Religion and Reform. Essays in Memory of Roger Ansley*, Londres, Folkestone and Dawson, 1980.

BONNIOL, Jean-Luc, *La Couleur comme maléfice. Une illustration créole de la généalogie des Blancs et des Noirs*, Paris, Albin Michel, 1992.

BOULLE, Pierre, « In Defense of Slavery : Eighteenth Century Opposition to Abolition and the Origins of Racist Ideology in France », dans Frederick Krantz (éd.), *History from Below*, Oxford, Oxford University Press, 1988.

BRASSEUR, Paule, « De l'abolition de l'esclavage à la colonisation de l'Afrique », *Mémoire Spiritaine*, 7 (1998), pp. 93-107.

–, « La littérature abolitionniste en France au XIXᵉ siècle : l'image de l'Afrique », dans F. J. Fornasiero (éd.), *Culture and Ideology in Modern France. Essays in Honour of George Rudé (1910-1993)*, University of Adelaide, Department of French Studies, 1994, pp. 17-40.

BRATHWAITE, Edward Kamau, *The Development of Creole Society in Jamaica 1770-1820*, Londres, Clarendon Press, 1971.

BRAUMAN, Rony, *Humanitaire, le dilemne*, Paris, Textuel, 1996.

BURNS, Roger (éd.), *Am I Not a Man and a Brother : The Antislavery Crusade of Revolutionnary America, 1688-1788*, New York, Chelsea Publishers, 1977.

BURTON, Richard D. E., *La Famille coloniale. La Martinique et la Mère-Patrie. 1789-1992*, Paris, L'Harmattan, 1994.

BUSH, M. L. (éd.), *Serfdom and Slavery. Studies in Legal Bondage*, Longman, 1996, Londres.

CARAWAY, Nancie, *Segregated Sisterhood. Racism and the Politics of American Feminism*, Knoxville, University of Tennessee Press, 1991.

CARTER, Marina, « The Transition from Slave to Indentured Labour in Mauritius », *Slavery and Abolition* 14 :1, Avril 1993, pp. 114-130.

CÉSAIRE, Aimé, *Toussaint Louverture. La Révolution française et le problème colonial*, Paris, Présence Africaine, 1981.

–, SENGHOR Léopold S., MONNERVILLE Gaston et DEPREUX Édouard, *Centenaire de la révolution de 1848, commémoration du centenaire de l'abolition de l'esclavage*, Paris, Presses universitaires de France, 1948.

Chambre Noire, Chants Obscurs. Photographies anthropométriques de Désiré Charnay. Types de La Réunion, 1863, Saint-Denis de La Réunion, Conseil Général, 1994.

CHANE-KUNE, Sonia, *Aux origines de l'identité réunionnaise*, Paris, L'Harmattan, 1998.

–, *La Réunion n'est plus une île*, Paris, L'Harmattan, 1997.

CHARRIER, Jacques, « La Réunion », *L'Empire français*, n° 329-332, janvier-avril 1942, pp. 65-67.

CHATEAUBRIAND, *Congrès de Vienne : guerre d'Espagne, Négociations, Colonies espagnoles*, t. 1, Paris, Delloye et Leipzig, 1838.

CHAUDENSON, Robert, « Mulâtres, Métis, Créoles » in *Métissages : Littératures, Histoire*, vol. I, Paris, L'Harmattan, 1992, pp. 23-37.

CHEMILLIER-GENDREAU, Monique, *Humanité et souverainetés. Essai sur la fonction du droit international*, Paris, La Découverte, 1995.

CHEYNET, Anne, *Les Muselés*, Paris, L'Harmattan, 1977.

COLEMAN, Deirdre, « Conspicuous Consumption : White Abolitionism and English Women's Protest Writing in the 1790s », *ELH*, 61, 2, 1994, pp. 341-362.

COLTMAN, Elisabeth, *Immediate, Not Gradual Abolition ; or, An Inquiry into the Shortest, Safest and Most Effectual Means of Getting Rid of West Indian Slaveryi*, Londres, Hatchard & Sons, 1824.

COMBEAU, Yvan et ÈVE Prosper, *La Réunion républicaine au XIX* siècle. L'avènement de la II* et de la III* République à La Réunion, 1848-1870*, Saint-Denis de La Réunion, Futur Antérieur, 1996.

CONCORCET, *Réflexions sur l'esclavage des nègres*, Paris, Mille et une nuits, 2001.

CONKLIN, Alice L., *A Mission to Civilize. The Republican Idea of Empire in France and West Africa, 1895-1930*, Stanford, Stanford University Press, 1997.

CONRAD, Joseph, *Au cœur des ténèbres*, traduit par J.-J. Mayoux, Paris, Flammarion, 1980.

COOK, Mercer, « The Life and Writings of Louis T. Houat », *The Journal of Negro History*, 30, 1945, pp. 185-198.

DAGET, Serge, *La Répression de la traite des Noirs au XIX* siècle. L'action des croisières françaises sur les côtes occidentales de l'Afrique (1817-1850)*, Paris, Karthala, 1997.

–, et RENAULT François, *Les Traites négrières en Afrique*, Paris, Karthala, 1985.

DAVID, Marcel, *Le Printemps de la Fraternité. Genèse et vicissitudes, 1830-1851*, Paris, Aubier, 1992.

DAVIS, David Brion, *The Problem of Slavery in the Age of Revolution, 1770-1823*, Ithaca, Cornell University Press, 1975.
– « The Emergence of Immediatism in British and American Anti-Slavery Thought », dans David Brion Davis (éd.), *From Homicide to Slavery : Studies in American Culture*, Oxford, Oxford University Press, 1986.

DAY, Thomas, *Sandford and Merton*, Londres, John Stockdale, 1801, 3 vol., 10ᵉ éd.

DAYAN, Joan, *Haiti, History and the Gods*, Berkeley, University of California Press, 1998.

DE BAECQUE, Antoine, *Les Éclats du rire. La culture des rieurs au XVIIIᵉ siècle*, Paris, Calmann-Lévy, 2000.

DE FELICE, Guillaume, « Notice sur la colonie du Liberia », *Revue Encyclopédique*, 50 (1831), p. 242.

DE QUERÓS MATTOSO, Katia (éd.), *Esclavages. Histoire d'une diversité de l'océan Indien à l'Atlantique sud*, Paris, L'Harmattan, 1997.

DE SENARCLENS, Pierre, *L'Humanitaire en catastrophe*, Paris, Presses de Sciences-Po., 1999, Paris.

DEBBASCH, Yves, *Couleur et liberté. Le jeu du critère ethnique dans un ordre juridique esclavagiste*, Paris, Dalloz, 1967.

DEBRÉ, Michel, *Une Politique pour La Réunion*, Paris, Plon, 1974.

DEFOS DU RAU, Jean, *L'Île de La Réunion. Étude de géographie humaine*, Bordeaux, Institut de géographie, 1960.

DELISLE, Philippe, *Renouveau missionnaire et société esclavagsite. La Martinique : 1815-1848*, Paris, Publisud, 1997.

DENIZET, Jacques, *Sarda Garriga, L'homme qui avait foi en l'homme*, Saint-Denis, La Réunion Éditions, CNH, 1990.

DOUGLASS, Frederick, *Narrative of the Life of Frederick Douglass, an American Slave, Written by Himsel*, New York, Norton, 1997 ; trad. fr., *Mémoires d'un esclave américain*, Paris, Maspero, 1980.

DRESCHER, Seymour, « Two Variants of Anti-Slavery : Religion Organizations and Social Mobilization In Britain and in France, 1780-1870 », dans Christine Bolt et Seymour Drescher (éd.), *Anti-Slavery, Religion and Reform : Essays in Memory of Roger Ansley*, Folkestone and Dawson, 1980, Londres, pp. 43-63.
–, *Econocide : British Slavery in the Era of Abolition*, Pittsburgh, University of Pittsburgh Press, 1977.

DUBOIS, Laurent, *Les Esclaves de la république. L'histoire oubliée de la première émancipation, 1798-1794*, trad. Jean-François Chaix, Paris, Calmann-Lévy, 1998.

DUCHET, Michèle, *Anthropologie et histoire au siècle des Lumières*, Paris, Albin Michel, 1995 (1ʳᵉ éd., 1971).

DUFOURCQ, Élisabeth, « L'Empire romain, intégrateur des peuples colonisés dans la pensée de Fénelon, Lavigerie et Charles de Foucauld », dans Pascal Blanchard *et al.*, *L'Autre et nous. Scènes et Types*, Paris, Syros/ACHAC, 1995, pp. 121-126.

DUMAS, Alexandre, *Georges*, Paris, M. Lévy, 1848.

DUMONT, Jean-Christian, *Servus, Rome et l'esclavage sous la République*, École française de Rome, 1987.

ELKINS, Stanley M., *Slavery : A Problem in American Institutionnal and Intellectual Life*, Chicago, The University of Chicago Press, 1976.

ELLIS, David et WALVIN James (éd.), *The Abolition of the Atlantic Slave Trade : Origins and Effects in Europe, Africa and the Americas*, Madison, University of Wisconsin Press, 1981.

ELLISON, Ralph, *Shadow and Act*, New York, Quality Paperback Book Club, 1994.

EMERSON, Ralph Waldo, « An Address…On…The Emancipation of the Negroes in the British West Indies. 1 August 1844 », dans *Emerson's Anti-Slavery Writings*.

Esclavage, colonisation, libérations nationales de 1789 à nos jours, Paris, L'Harmattan, 1990.

« De l'esclavage », *L'Homme*, 145, janvier-mars 1998.

« Esclaves et "sauvages" », *L'Homme*, 152, octobre-décembre 1999.

ÈVE, Prosper, *Variations sur le thème de l'amour à Bourbon à l'époque de l'esclavage*, Saint-Denis de La Réunion, Océan Éditions, 1998.

–, *Île à Peur. La peur redoutée ou récupérée à La Réunion des origines à nos jours*, Saint-Denis de La Réunion, Océan Éditions, 1992.

–, *La Première Guerre mondiale vue par les Poilus réunionnais*, Saint-Denis de La Réunion, Éditions CNH, 1992.

–, *Tableau du syndicalisme à La Réunion de 1912 à 1968*, Saint-Denis de La Réunion, Éditions CNH, 1991.

EZE, Emmanuel Chukwudi (éd.), *Race and the Enlightenment. A Reader*, Londres, Blackwell, 1997.

FABRE, Michel, *Esclaves et planteurs*, Paris, Archives / Julliard, 1970.

FALLOPE, Josiane, *Esclaves et Citoyens. Les Noirs à la Guadeloupe au XIXᵉ siècle*, Basse-Terre, Société d'Histoire de la Guadeloupe 1992.

FANON, Frantz, *Peau Noire, Masques Blancs*, Paris, Le Seuil, 1952.

FILLIOT, J. M., *La Traite des esclaves vers les Mascareignes au XVIIIe siècle*, Paris, ORSTOM, 1974.

FLADELAND, Betty, *Abolitionists and Working-Class Problems in the Age of Industrialization*, Londres, Macmillan, 1984.

FLAHAULT, François, *La Méchanceté*, Paris, Descartes & Cie, 1998.

FLAUBERT, Gustave, *L'Éducation sentimentale*, Paris, Gallimard, « Folio », 1978.

FLOWER, Benjamin, *The French Constitution*, G.G.J.&J. Robinson, 1792.

FORNASIERO F. J. (éd.), *Culture and Ideology in Modern France. Essays in Honour of Georges Rudé (1910-1993)*, University of Adelaide, Department of French Studies, 1994.

FOUCAULT, Michel, *Dits et Écrits*, vol. III, Paris, Gallimard, 1994.

–, *Il faut défendre la société*, Paris, Gallimard.

FREDRICKSON George M., *The Black Image in the White Mind : The Debate on Afro-American Character and Destiny, 1817-1914*, Middletown, Wesleyan University Press, 1987.

FREUD, Sigmund, « A Child Is Being Beaten », dans *Sexuality and the Psychology of Love*, New York, Collier Books, 1963.

FRIEDMAN, Lawrence J., *Gregarious Saints. Self and Community in American Abolitionism, 1830-1870*, Cambridge, Cambridge University Press, 1982.

FRYER, Peter, *Staying Power. The History of Black People in Britain*, Londres, Pluto Press, 1984.

FUMA, Sudel, *De l'Inde du Sud à l'île de La Réunion. Les Réunionnais d'origine indienne d'après le rapport Mackenzie*, Saint-Denis de La Réunion, Université de La Réunion/ G.R.A.H.T.E.R., 1999.

–, *L'Esclavagisme à La Réunion, 1794-1848*, Paris, L'Harmattan, 1992.

–, *Esclaves et citoyens, le destin de 62 000 Réunionnais. Histoire de l'insertion des affranchis de 1848 dans la société réunionnaise*, Saint-Denis de La Réunion, Fondation pour la recherche et le développement dans l'océan Indien, 1982.

FURET, François et OZOUF Mona (éd.), *Le Siècle de l'avènement républicain*, Paris, Gallimard, 1993.

GAINOT, Bernard, « La Naissance des départements d'outre-mer. La loi du 1er Janvier 1798 », *Revue Historique des Mascareignes*, 1,1, juin 1998, pp.51-74.

GATES JR., Henry Louis, « The Vernacular Tradition », dans Henry Louis Gates Jr., et Nellie Y. McKay (éd.), *The Norton Anthology. African-American Literature*, New York, Norton, 1997, pp. 1-5.

–, « Race », Writing and Difference, Chicago, Chicago University Press, 1985.

GAUTIER, Arlette, Les Sœurs de solitude. La condition féminine dans l'esclavage aux Antilles du XVIIe au XIXe siècle, Paris, Éditions Caribbéennes, 1985.

GENOVESE, Eugen D., The Political Economy of Slavery, Londres, Mac Gibbon and Kee, 1966.

GERAUD, Jean-Louis, « Joseph Martial Wetzell (1793-1857) : une révolution sucrière oubliée à La Réunion », Revue Historique des Mascareignes, 1, 1, juin 1998, pp. 113-156.

GERBEAU Hubert, Les Esclaves noirs. Pour une histoire du silence, Saint-Denis de La Réunion, Océan Éditions, 1998.

GERZINA Gretchen Holbrook, Black London. Life Before Emancipation, New Brunswick, Rutgers University Press, 1995.

GHASARIAN, Christian, « Patrimoine culturel et ethnicité à La Réunion : dynamiques et dialogismes », Ethnologie française, 3, juillet-septembre 1999, pp. 365-374.

GILMAN, Sander, Difference and Pathology : Stereotypes of Sexuality, Race, and Madness, Ithaca, Cornell University Press, 1985.

GILROY, Paul, The Black Atlantic, Londres, Verso, 1993.

–, Small Acts, Londres, Serpent's Tail, 1993.

–, Between Camps. Race, Identity and Nationalism at the End of the Colour Line, Londres, Allen Lane, 2000.

GIRARD, Patrick, « Le mulâtre littéraire ou le passage au blanc », dans Léon Poliakov (éd.), Le Couple interdit. Entretiens sur le racisme. La dialectique de l'altérité socio-culturelle et la sexualité, Paris, Mouton, 1980, pp. 191-213.

GISLER, Antoine, L'Esclavage aux Antilles françaises, XVIIe-XIXe siècles, Paris, Karthala, 1981.

GLISSANT, Édouard, Introduction à une poétique du divers, Paris, Gallimard, 1996.

GOODHEART, Lawrence B. et HAWKINS Hugh (éd.), The Abolitionists. Means, Ends and Motivations, Lexington MA, D.C. Heath, 1995.

GOODING-WILLIAMS, Robert (éd.), Reading Rodney King, Reading Urban Uprising, Londres, Routledge, 1993.

GOVINDIN, Sully-Santa, Les Engagés indiens. Île de La Réunion, XIXe siècle, Saint-Denis de La Réunion, Azalée Éditions, 1994.

HALL, Stuart (éd.), Representation : Cultural Representations and Signifying Practices, Londres, Sage, 1997.

–, *Culture, Media, Language. Working Papers in Cultural Studies, 1972-1979*, Londres, Hutchinson, 1980.

HARTMAN, Saidiya V., *Scenes of Subjection. Terror, Slavery, and Self-Making in Nineteenth-Century America*, New York, Oxford University Press, 1997.

HAUDRÈRE, Philippe et VERGÈS Françoise, *De l'Esclave au Citoyen*, Gallimard, 1998, Paris.

HEDO-VERGIER, Joëlle, *François de Mahy. La double appartenance*, Saint-Denis de La Réunion, Océan Éditions, 1995.

HIGHLAND GARNET, Henry, *An Address to the Slaves of the United States of America*, Londres, Arno Press, 1969.

HO, Hai Quang, *Contribution à l'histoire économique de La Réunion, 1642-1848*, Paris, L'Harmattan, 1998.

HOBSBAWN, Eric, *Les Bandits*, trad. fr. J.-P. Rospars, Paris, La Découverte, 1999.

–, *L'Ère du capital, 1848-1875*, trad. Éric Diacon, Paris, Hachette, 1997.

–, *L'Ère des empires, 1875-1914*, trad. Jacqueline Carnaud et Jacqueline Lahana, Paris, Hachette, 1997.

–, *L'Ère des révolutions*, trad. Françoise Braudel et Jean-Claude Pineau, Paris, Fayard, 1970.

HOCHSCHILD, Adam, *Les Fantômes du roi Léopold II*, trad. Marie-Claude Elsen et Franck Straschitz, Paris, Belfond, 1998.

HOFFMANN, Léon-François, *Le Nègre romantique*, Paris, Payot, 1973.

HOLBROOK Gerzina Gretchen, *Black London. Life Before Emancipation*, Rutgers, Rutgers University Press, 1995.

Hommes et Migrations, 1207, mai-juin 1997, « Imaginaires colonial, Figures de l'immigré ».

HOOKS, Bell, *Talking Back,* Boston, South End, 1989.

HOUAT, Louis Timagène, *Les Marrons*, Saint-Denis de La Réunion, CRI, 1989.

–, *Un Proscrit de l'île de Bourbon à Paris*, Paris, Félix Malteste et Cie, 1838.

HUGO Victor, *Choses vues* (1841), Paris, La Palatine, 1962.

–, *Burg Jargal*, Paris, Presses Pocket, 1985.

HURWITZ, Edith F., *Politics and Public Conscience. Slave Emancipation and the Abolitionist Movement in Britain*, Londres, George Allen & Unwin Ltd., 1973.

Images et Colonies, Paris, BDIC/ACHAC, 1993.

JACOBS, Harriet, *The Incidents in the Life of a Slave Girl*, San Diego, Harcourt, Brace Jovanovich, 1983.

JAMES, C. L. R., *Les Jacobins noirs. Toussaint Louverture et la révolution de Saint-Domingue*, Paris, Éditions Caribbéennes, 1984.

JEFFREY, Julie Roy, *The Great Silent Army of Abolitionism : Ordinary Women in the Antislavery Movement*, Charlottesville, University of Carolina Press, 1998.

JENNINGS, Lawrence C., *French Anti-Slavery. The Movement for Abolition of Slavery in France, 1802-1848*, Cambridge, Cambridge University Press, 2000.

–, « French Slave Liberation and "Socialism" : Projects for "Association" in Guadeloupe 1845-1848 », *Slavery and Abolition*, 17, 2, août 1996, pp. 93-111.

–, « French Anti-Slavery under the Restoration : the Société de la Morale Chrétienne », *Revue française d'histoire de l'outre-mer*, 81, 304, 1994, pp. 321-331.

KOPYTOFF, Igor, « The Cultural Context of African Abolition », dans Suzanne Miers et Richard Roberts (éd.), *The End of Slavery in Africa*, Madison, University of Wisconsin Press, 1988, pp. 485-506.

KOREN, Henri et LITTNER Henri, « Le Cardinal Lavigerie et les missions spiritaines au cœur de l'Afrique », *Mémoire Spiritaine*, 8, 1998, pp. 30-49.

KRANTZ, Frederick (éd.), *History from Below*, Oxford, Oxford University Press, 1988.

KUTZINSKI, Vera M., *Sugar's Secrets : Race and the Erotics of Cuban Nationalism*, Charlottesville, University Press of Virginia, 1993.

L'Abolition de l'esclavage. Un combat pour les droits de l'homme, Bruxelles, Éditions Complexe, 1998.

LACRAPA, Dominick (éd.), *The Bounds of Race. Perspectives on Hegemony and Resistance*, Ithaca, Cornell University Press, 1991.

LARSON, Pier M., *History and Memory in the Age of Enslavement. Becoming Merina in Highland Madagascar, 1770-1822*, Cape Town, David Philip, 2000.

LAQUEUR, Thomas, « Bodies, Details and the Humanitarian Narrative », dans *The New Cultural History*, Berkeley, University of California Press, 1989.

LAVAL, Jean-Claude, *La Justice répressive à La Réunion de 1848 à 1870*, Saint-Benoît, La Réunion, Université Populaire, 1986.

La Véritable Histoire de Mary Prince (racontée par elle-même), Paris, Albin Michel, « Histoire à deux voix », 2000.

LEBLOND, Marius et Ary, « La Réunion et son musée », *La Vie*, 11 mai 1912, pp. 372-374.

LECA, Jean, « Questions of Citizenship », dans Chantal Mouffe (éd.), *Dimensions of Radical Democracy. Pluralism, Citizenship, Community*, Londres, Verso, 1992, pp. 17-32.

LE COUR GRANDMAISON, Olivier, « Le discours esclavagiste pendant la Révolution », dans *Esclavage, Colonisation, Libérations Nationales*, Paris, L'Harmattan, 1990, pp. 124-132.

LEGENDRE, Pierre, *Leçons VI. Les enfants du texte. Étude sur la fonction parentale des États*, Paris, Fayard, 1992.

LÉOTIN, Marie-Hélène, *La Révolution anti-esclavagiste de mai 1848 en Martinique*, Fort de France, Apal production, 1991.

Les Abolitions de l'esclavage de L. F. Sonthonax à V. Schœlcher, textes réunis et présentés par Marcel Dorigny, Paris, Presses universitaires de Vincennes, Unesco, 1994.

L'Esclavage à Madagascar. Aspects historiques et résurgences contemporaines. Actes du colloque international sur l'esclavage, Antananarivo, Institut de Civilisations-Musées d'Arts et d'Archéologie, 1997.

Les Révolutions de 1848. Une république nouvelle, catalogue de l'exposition « Les Révolutions de 1848. L'Europe des images », Paris, Assemblée nationale, 1998.

LEVI, Primo, *Conversations et entretiens*, Paris, Robert Laffont, « 10-18 », 1998.

LÉVI-STRAUSS, Claude, *Race et histoire*, Paris, Gonthier, 1961.

LINDQVIST, Sven, *Exterminez toutes ces brutes. L'odyssée d'un homme au cœur de la nuit et les origines du génocide européen*, Paris, Le Serpent à Plumes, 1998.

LIONNET, Françoise, *Autobiographical Voices. Race, Gender, Self-Portraiture*, Ithaca, Cornell University Press, 1989.

LOWENTHAL, David, « Identity, Heritage, and History », dans John R. Gillis (éd.), *Commemorations. The Politics of National Identity*, Princeton, New Jersey, Princeton University Press, 1994, pp. 41-60.

LUBIANO, Wahneema (éd.), *The House that Race Built*, New York, Vintage, 1998.

LÜSEBRINK, Hans-Jürgen, « Métissage : Contours et enjeux d'un concept carrefour dans l'aire francophone », *Études Littéraires : Analyses et Débats*, 25, 3, 1992-1993, pp. 93-106.

MAESTRI, Edmond, *Les Îles du sud-ouest de l'Océan Indien et la France de 1815 à nos jours*, Paris, L'Harmattan, 1994.

MAM-LAM-FOUCK, Serge, *Deux siècles d'esclavage en Guyane française, 1652-1848*, Paris, L'Harmattan, 1986.

–, *Histoire générale de la Guyane française des débuts de la colonisation à l'aube de l'an 2000*, Cayenne, Ibis Rouge Éditions, 1996.

MANCINI, Matthew, « Political Economy and Cultural Theory in Tocqueville's Abolitionism », *Slavery and Abolition* 10, 2, sept. 1989, pp. 151-171.

MANNONI, Octave, « Administration de la folie, folie de l'administration », dans *Un commencement qui n'en finit pas. Transfert, interprétation, théorie*, Paris, Le Seuil, « Champ Freudien », 1980, pp. 137-157.

–, « The Decolonization of Myself », *Race*, 1966, repris dans *Prospéro et Caliban. Psychologie de la colonisation*, Paris, Éditions universitaires, 1984. Publié aussi dans *Clefs pour l'imaginaire*, Paris, Le Seuil, 1969.

MARCIL-LACOSTE, Louise, « The Paradoxes of Pluralism », dans Chantal Mouffe (éd.), *Dimensions of Radical Democracy. Pluralism, Citizenship, Community*, Londres, Verso, 1992, pp. 128-144.

MARIENSTRAS, Élise, « Les Lumières et l'esclavage en Amérique du Nord au XVIIIᵉ siècle », dans *Les Abolitions de l'esclavage*, Paris, Presses Universitaires de Vincennes/Unesco, 1995, pp. 111-132.

MARIMOUTOU, Jean-Claude Carpanin, « Créolisation, Créolité, Littérature », dans Daniel Baggioni et Jean-Claude Carpanin Marimoutou (éd.), *Cuisines/Identités*, Saint-Denis de La Réunion, Université de La Réunion, 1988, pp. 99-101.

MARIMOUTOU, Michèle, *Les Engagés du sucre*, Saint-Denis de La Réunion, Éditions du Travail, 1989.

MBEMBE, Achille, *De la post colonie*, Paris, Karthala, 2001.

McCALMAN, Iain (éd.), *The Horrors of Slavery and Other Writings of Robert Wedderburn*, Édimbourg, Edimburgh University Press, 1991.

McGLYNN, Frank et DRESCHER Seymour (éd.), *The Meaning of Freedom. Economics, Politics, and Culture After Slavery*, Pittsburgh, University of Pittsburgh Press, 1992.

MEILLASSOUX, Claude (dir.), *L'Esclavage en Afrique précoloniale*, Paris, Maspero, 1975.

–, *Anthropologie de l'esclavage. Le ventre de fer et d'argent*, Paris, PUF, 1986.

MELONIO, Françoise, « 1848, la république intempestive », dans François Furet et Mona Ozouf (éd.), *Le Siècle de l'avènement républicain*, Paris, Gallimard, pp. 391-413.

MERCIER, Louis-Sébastien, *L'An 2440, rêve s'il en fut jamais*, Londres, 1786, Bordeaux, Éditions Ducros, 1971.

MÉRIMÉE, Prosper, *Tamango*, Paris, Éditions Baudelaire, 1967.

MICHEL, Reynolds, « L'Église et l'esclavage », dans *Esclavage et Colonisation*, La Réunion, CCT, 1998, pp. 13-39.

MIERS, Suzanne, « Slavery and the Slave Trade as International Issues 1890-1939 », dans Suzanne Miers et Martin A. Klein (éd.), *Slavery and Colonial Rule in Africa*, Londres, Frank Cass, 1999, pp. 16-37.

–, et ROBERTS Richard (éd.), *The End of Slavery in Africa*, Madison, University of Wisconsin Press, 1988.

MILLER, Christopher L., *Theories of Africans. Francophone Literature and Anthropology in Africa*, Chicago, Chicago University Press, 1990.

MOREAU DE SAINT-MÉRY, Médéric-Louis-Élie, *Observations d'un habitant des colonies*, Paris, Moreau de Saint-Méry, 1789.

MORRISON, Toni, « On "The Radiance of the King" », *New York Times Review of Books*, 9 août 2001, pp. 18-20.

–, *Race-ing, Justice, Engendering Power. Essays on Anita Hill, Clarence Thomas and the Constitution of Social Reality*, New York, Pantheon Books, 1992.

–, *Playing in the Dark : Whiteness and the Literary Imagination*, Cambridge, Harvard University Press, 1992.

MOSSE, George L., *The Culture of Western Europe, The Nineteenth and the Twentieth Century*, Londres, Westview, 1988.

MOTYLEWSKI, Patricia, *La Société française pour l'abolition de l'esclavage, 1834-1850*, Paris, L'Harmattan, 1998.

MOULIER BOUTANG, Yann, *De l'esclavage au salariat. Économie historique du salariat bridé*, Paris, PUF, « ActuelMarx », 1998.

NICOLE, Rose-May, *Noirs, Cafres et Créoles. Étude de la représentation du non-blanc réunionnais. Documents et littératures réunionnaises*, Paris, L'Harmattan, 1996.

NOBLE, Marianne, « The Ectasies of Sentimental Wounding in *Uncle Tom's Cabin* », *The Yale Journal of Criticism* 10 : 2, 1997, pp. 295-320.

NORTHRUP, David (éd.), *The Atlantic Slave Trade*, Lexington, D. C. Heath & Cie, 1994.

OLDFIELD, J. R., *Popular Politics and British Anti-Slavery. The Mobilisation of Public Opinion Against the Slave Trade, 1787-1807*, Manchester, University of Manchester Press, 1995.

OMI Michael et WINANT Howard (éd.), *Racial Formations in the United States from the 1960s to the 1990s*, Londres, Routledge, 1994.

Ottino, Paul, *L'Étrangère intime. Essai d'anthropologie de la civilisation de l'ancien Madagascar*, Paris, Éditions des archives contemporaines, 1986.

Pago, Gilbert, *Les Femmes et la liquidation du système esclavagiste à la Martinique, 1848-1852*, Martinique, Ibis Rouge Éditions, 1998.

Patterson, Orlando, *The Sociology of Slavery*, Londres, Mac Gibbon and Kee, 1967.

–, *Slavery and Social Death : A Comparative Study*, Cambridge, Harvard University Press, 1982.

Périna, Mickaëlla, *Citoyenneté et sujétion aux Antilles francophones. Post-esclavage et aspiration démocratique*, Paris, L'Harmattan, 1998.

Perry, Lewis, *Radical Abolitionism. Anarchy and the Government of God in Anti-Slavery Thought*, Ithaca, Cornell University Press, 1974.

Piralian, Hélène, « Tiers symbolique et servitude », dans Georges Navet (éd.), *Modernité de la servitude*, Paris, L'Harmattan, 1998, pp. 45-54.

Plumb J. H., « The Public Literature and the Arts in the Eighteenth Century », dans Paul Fritz et David Williams (éd.), *The Triumph of Culture : Eighteenth Century Perspectives*, Toronto, A. M. Hakkert, 1972.

Plumelle-uribe, Rosa Amelia, *La Férocité blanche. Des non-Blancs aux non-Aryens. Génocides occultés de 1492 à nos jours*, Paris, Albin Michel, 2001.

Poliakov, Léon (éd.), *Le Couple interdit. Entretiens sur le racisme. La dialectique de l'altérité socio-culturelle et la sexualité*, Paris, Mouton, 1980, Paris.

–, *Le Mythe aryen*, Bruxelles, Éditions Complexe, 1987.

Prudhomme, Claude, *Histoire religieuse de La Réunion*, Paris, Karthala, 1984.

Rakotolahy, Christiane Rafidinarivo, « Empreintes de l'esclavage dans les relations internationales », dans *Esclavage et Colonisation*, Le Port, La Réunion, Commission Culture Témoignages, 1998, pp. 45-77.

Renan, Ernest, *L'Avenir de la science*, Princeton, Princeton University Press, 1944.

Renault, François, *Lavigerie, l'esclavage africain et l'Europe, 1868-1892*, Paris, Éditions de Boccard, 1971, 2 vol.

Retamar, Roberto Fernandez, *Caliban and Other Essays*, University of Minnesota Press, 1981, traduit par Edward Baker.

Reynolds, Michel, « L'Église et l'esclavage », dans *Esclavage et Colonisation*, Le Port, La Réunion, CCT, 1998, pp. 13-39.

RICAUD, Nadine, « La création de la banque coloniale à La Réunion », dans *Revue Historique des Mascareignes*, 1, 1, juin 1998, pp. 157-168.

ROBINSON, Randall, *The Debt. What America Owes to Blacks*, New York, Dutton, 2000.

ROBO, Rodolphe, *L'Abolition de l'esclavage, la République et Victor Schœlcher*, Cayenne, chez l'auteur, 1984.

SADE, *Idée sur les romans*, Paris, Arléa, 1997.

SAÏD, Edward W., *L'Orientalisme. L'Orient créé par l'Occident*, Paris, Le Seuil, 1997.

SALA-MOLINS, Louis, *Le Code Noir ou le calvaire de Canaan*, Paris, PUF, 1987.

SAMUELS, Shirley (éd.), *The Culture of Sentiment. Race, Gender and Sentimentality in Nineteenth-Century America*, New York, Oxford University Press, 1992.

SANNEH Lamin, *Abolitionists Abroad. American Blacks and the Making of Modern West Africa*, Cambridge, Harvard University Press, 1999.

SASSEN, Saskia, *Globalization and Its Discontents*, New York, The New Press, 1998.

–, *The Mobility of Labor and Capital*, Cambridge, Cambridge University Press, 1988.

SCHMIDT, Nelly, *L'Engrenage de la liberté, Caraïbes, XIXᵉ siècle*, Aix-en-Provence, Publications de l'Université de Provence, 1995.

–, *Victor Schœlcher*, Paris, Fayard, 1994.

SCHOELCHER, Victor, *De l'esclavage des Noirs et de la législation coloniale*, Paris, Paulin, 1833.

–, *Des colonies françaises. Abolition immédiate de l'esclavage*, Éditions du C.T.H.S., 1988.

SEEBER, Edward Derbyshire, *Anti-Slavery Opinion in France During the Second Half of the Eighteenth Century*, Baltimore, Johns Hopkins Press, 1937.

Selections from the Writings and Speeches of William Lloyd Garrison, R. F. Wallcut, 1852.

SHARP, Granville, *The Law of Liberty or Royal law by Which All Mankind Will Certainly Be Judged*, 1776.

SHEPERD, Gill, « The Comorians and the East African Slave Trade », dans U. Bissoondoyal et S. B. C. Servansing (éd.), *Slavery in South West Indian Ocean*, Moka, Maurice, Mahatma Gandhi Institute, 1989, pp. 73-99.

SKLAR Kathryn Kish, *Women's Rights Emerge Within the Antislavery Movement, 1830-1870*, New York, Bedford/St-Martin's Press, 2000.

SODERLUND, Jean R., *Quakers and Slavery. A Divided Spirit*, Princeton, Princeton University Press, 1985.

SOYINKA, Wole, *The Burden of Memory, The Muse of Forgiveness*, Oxford, Oxford University Press, 1999.

SPILLERS, Hortense J., *Comparative American Identities. Race, Sex and Nationality in the Modern Text*, New York, Routledge, 1991.

STEHLE, Guy, « L'arrière-plan démographique de l'abolition », *Économie de La Réunion*, 98, 1998, pp. 4-7.

STEPAN, Nancy, *The Idea of Race in Science : Great-Britain 1800-1960*, Londres, Macmillan, 1982.

STEPHEN, James, *The Dangers of the Country*, Londres, J. Butterworth, 1807.

SUNDQUIST, Eric J. (éd.), *New Essays on Uncle Tom's Cabin*, Cambridge, Cambridge University Press, 1986.

TAGUIEFF, Pierre-André, « Doctrines de la race et hantise du métissage », *Nouvelle Revue d'Ethnopsychiatrie*, 17, 1991, pp. 53-100.

TAYLOR-GUTHRIE, Danille (éd.), *Conversations with Toni Morrison*, Jackson, University Press of Mississippi, 1994.

TEMPERLEY, Howard, « The Ideology of Anti-Slavery », dans David Ellis et James Walvin (éd.), *The Abolition of the Atlantic Slave Trade : Origins and Effects in Europe, Africa and the Americas*, Wisconsin, University of Wisconsin Press, 1981, pp. 21-34.

–, « Capitalism as a Form of Cultural Imperialism », dans Christine Bolt et Seymour Drescher, *Anti-Slavery, Religion and Reform : Essays in Memory of Robert Anstey*, Hamden, Folkestone, 1980.

–, *British Anti-Slavery, 1833-1870*, Londres, Longman, 1972.

Terrains 28, Mars 1997, « Miroirs du Colonialisme ».

TODOROV Tzvetan, *Mémoire du mal, tentation du bien*, Paris, Robert Laffont, 2001.

–, *Nous et les autres. La réflexion française sur la diversité humaine*, Paris, Le Seuil, 1989.

TURLEY, David, *The Culture of English Anti-Slavery, 1780-1860*, Londres, Routledge, 1991.

–, « Slave Emancipations in Modern History », dans M. L. Bush (éd.), *Serfdom and Slavery. Studies in Legal Bondage*, Londres, Longman, 1996, pp. 181-196.

VAILLAND, Roger, *La Réunion*, Éditions Rencontre, Paris, 1964.

VERGÈS, Françoise, *Monsters and Revolutionaries. Colonial Family Romance and Métissage*, Durham, Duke University Press, 1999.

VIGNÉ D'OCTON, *La Gloire du sabre*, Paris, Flammarion, 1900.

VOLSY FOCARD, *Dix-huit mois de République à l'île Bourbon, 1848-1849*, Saint-Denis de La Réunion, 1863.

VON KRAFFT-EBING Richard, *Psychopathia Sexualis : A Medico-Forensic Study*, traduit par Harry E. Wedeck, Londres, G. P. Putnam's Sons, 1965.

WALKER, David, *David Walker's Appeal in Four Articles, together with a preamble to the coloured citizens of the world, but in particular, and very expressively, to those of the United States by America*, Sean Wilentz (éd.), New York, Hill and Wang, 1995.

WALLERSTEIN, Immanuel, *Le Capitalisme historique*, trad. Philippe Steiner et Christian Tutin, Paris, La Découverte, 1996.

WALVIN, James (éd.), *Slavery and British Society 1776-1846*, Londres, Macmillan, 1982.

WANQUET, Claude, *La France et la première abolition de l'esclavage, 1794-1802. Le cas des colonies orientales, Île de France et La Réunion*, Paris, Karthala, 1998.

WIEVIORKA, Michel (éd.), *Une société fragmentée ? Le multiculturalisme en débat*, Paris, La Découverte, 1997.

WILBERFORCE, William, *A Letter on the Abolition of the Slave Trade*, Londres, J. Hatchard, 1807.

WILLIAMS, Eric, *Capitalisme et esclavage*, Paris, Présence Africaine, 1968.

YELLIN, Jean Fagan et VAN HORNE John C. (éd.), *The Abolitionist Sisterhood. Women's Political Culture in AnteBellum America*, Ithaca, Cornell University Press, 1994.

Table

Achevé d'imprimer en novembre 2001
dans les ateliers de Normandie Roto Impression s.a.
61250 Lonrai (Orne)
N° d'impression : 012745

N° d'édition : 20089
Dépôt légal : novembre 2001